全国中等职业学校机械类专业通用教材

全国技工院校机械类专业通用教材（中级技能层级）

计算机制图上机实训图集（修订版）

崔兆华　主编

U0307305

中国劳动社会保障出版社

简介

本书主要内容包括绘制简单平面图、绘制复杂平面图、绘制三视图、绘制轴测图、绘制剖视图、标注、绘制零件图、绘制装配图、绘制三维实体等。

本书由崔兆华任主编，崔人凤、尚念鹏、刘斌、邵明玲参加编写，金涛任主审。

图书在版编目（CIP）数据

计算机制图上机实训图集 / 崔兆华主编 . -- 2 版（修订版）. -- 北京：中国劳动社会保障出版社，2023

全国中等职业学校机械类专业通用教材 全国技工院校机械类专业通用教材 . 中级技能层级

ISBN 978-7-5167-5977-6

Ⅰ.①计⋯ Ⅱ.①崔⋯ Ⅲ.①计算机制图 - 中等专业学校 - 教材 Ⅳ.①TP391.72

中国国家版本馆 CIP 数据核字（2023）第 189308 号

中国劳动社会保障出版社出版发行

（北京市惠新东街 1 号 邮政编码：100029）

*

北京市艺辉印刷有限公司印刷装订 新华书店经销

787 毫米 ×1092 毫米 16 开本 8.25 印张 169 千字

2023 年 10 月第 2 版 2023 年 10 月第 1 次印刷

定价：**17.00 元**

营销中心电话：400–606–6496

出版社网址：http://www.class.com.cn

http://jg.class.com.cn

目　录

第一章 绘制简单平面图

1-1 根据给定条件绘制图形（一）

1. 绘制长为 80 mm 且与水平线成 30° 角的线段

80

30°

2. 绘制长为 100 mm 的水平线，并对其进行三等分

100

3. 绘制边长为 50 mm 的等边三角形

50

4. 绘制两直角边分别为 30 mm、40 mm 的直角三角形

30

40

1–2　根据给定条件绘制图形（二）

1. 绘制边长为 50 mm 的正方形及其内接圆	2. 绘制 ϕ50 mm 的圆及其内接正五边形

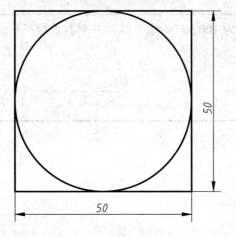

50

50

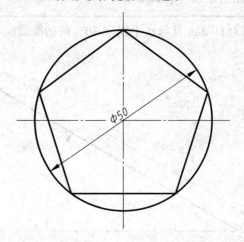

$\Phi 50$

3. 绘制内切圆直径为 40 mm 的正五边形	4. 绘制 60 mm×40 mm 的矩形

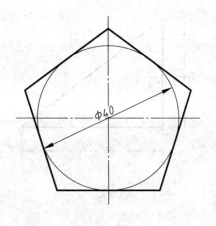

$\Phi 40$

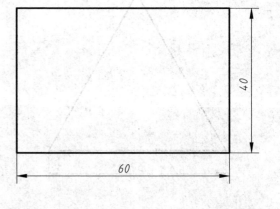

40

60

　　班级　　姓名　　学号

1–3　根据给定条件绘制图形（三）

1. 绘制五角星  25	2. 用相对极坐标输入法绘制五角星 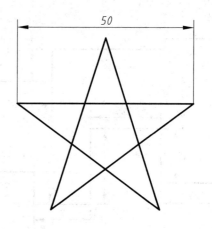 50
3. 绘制三角形 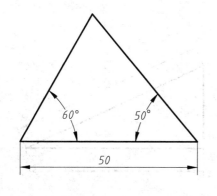 60°　50°　50	4. 用正交模式绘制图形 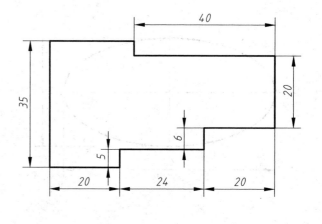 40　20　35　6　5　20　24　20

1. 用坐标输入法绘制图形

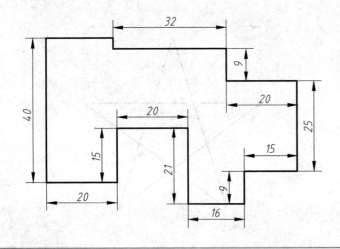

2. 用相对坐标输入法绘制图形

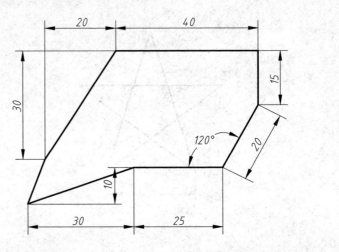

3. 绘制椭圆

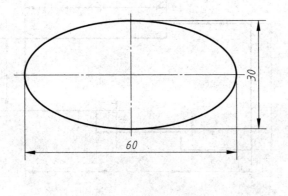

4. 绘制直角三角形

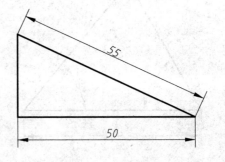

1. 绘制三角形

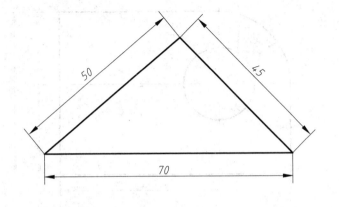

2. 绘制 ϕ 50 mm 的圆及其内接正方形

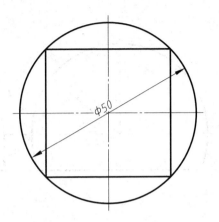

3. 绘制直线及 R40 mm 的圆弧

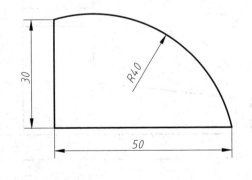

4. 绘制椭圆弧

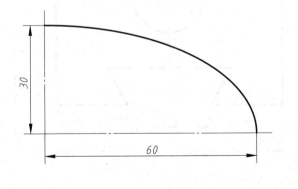

1–6 根据所给尺寸绘制图形（一）

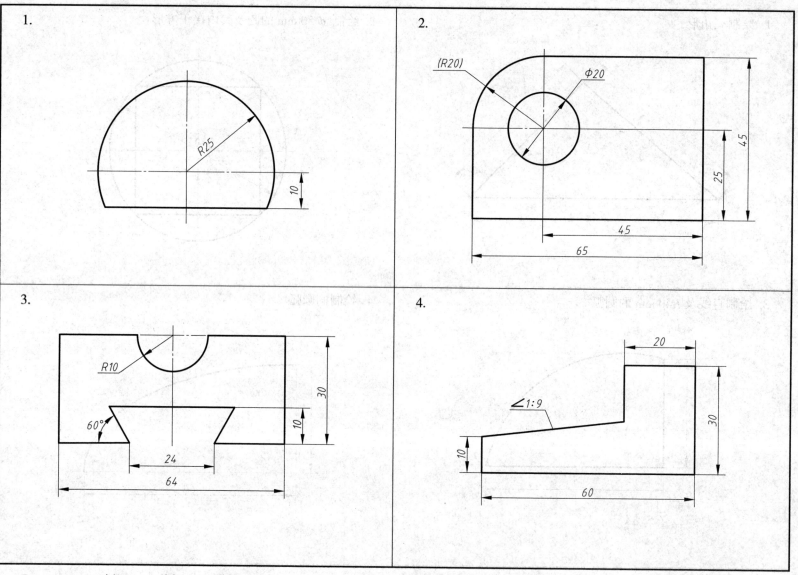

1.

2.

3.

4.

　班级　　姓名　　学号

1-7 根据所给尺寸绘制图形（二）

1.

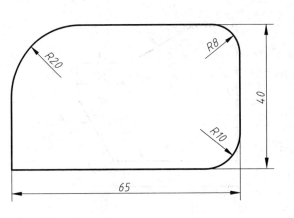

1:5

Φ10

75

2.

R20

R8

R10

40

65

3.

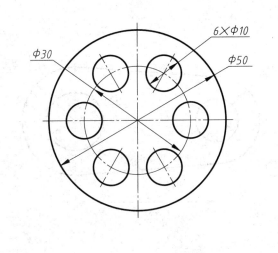

6×Φ10

Φ30

Φ50

4.

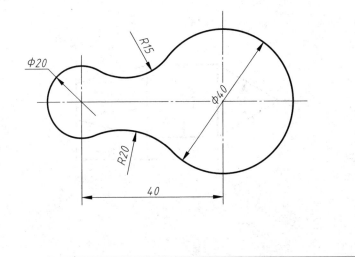

R15

Φ20

Φ40

R20

40

1–8　根据所给尺寸绘制图形（三）

1.

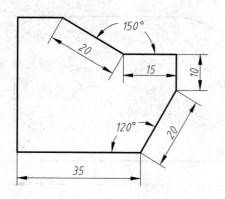

2.

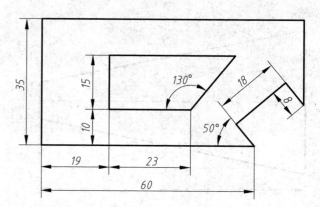

3.

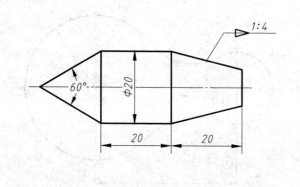

4.

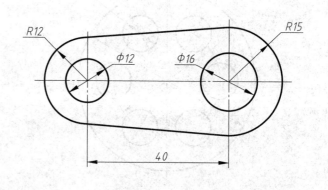

　班级　　姓名　　学号

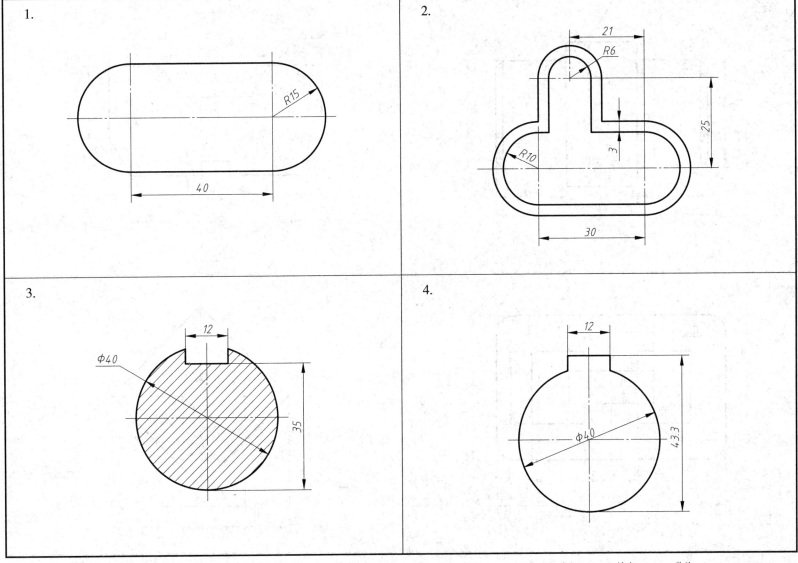

1.

2.

3.

4.

1–10 根据所给尺寸绘制图形（五）

1.

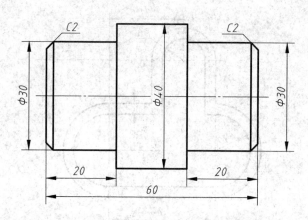

2.

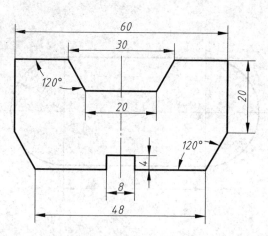

3.

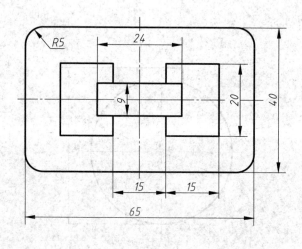

4.

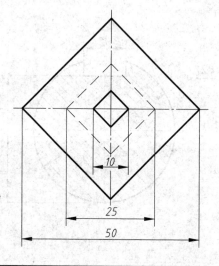

1-11 根据所给尺寸绘制图形（六）

1.

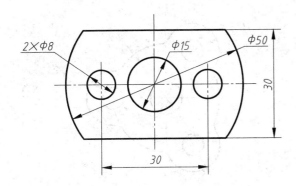

2.

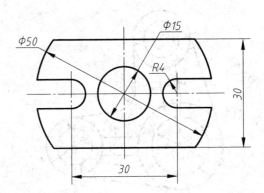

3.

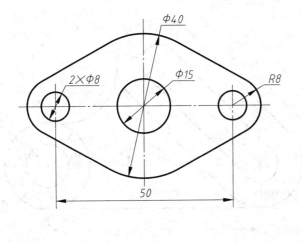

4.

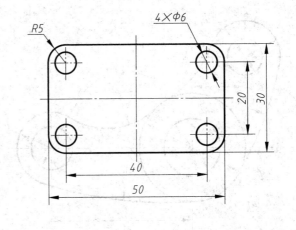

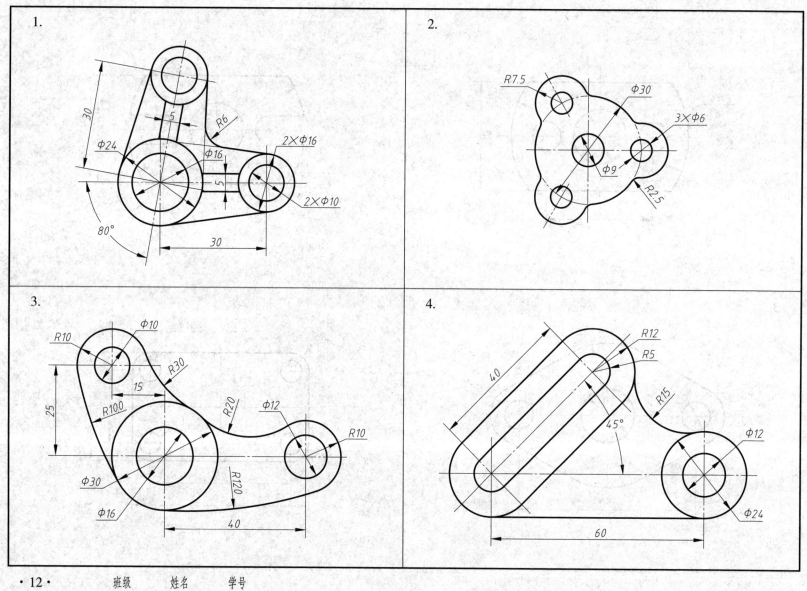

1.

2.

3.

4.

班级　　姓名　　学号

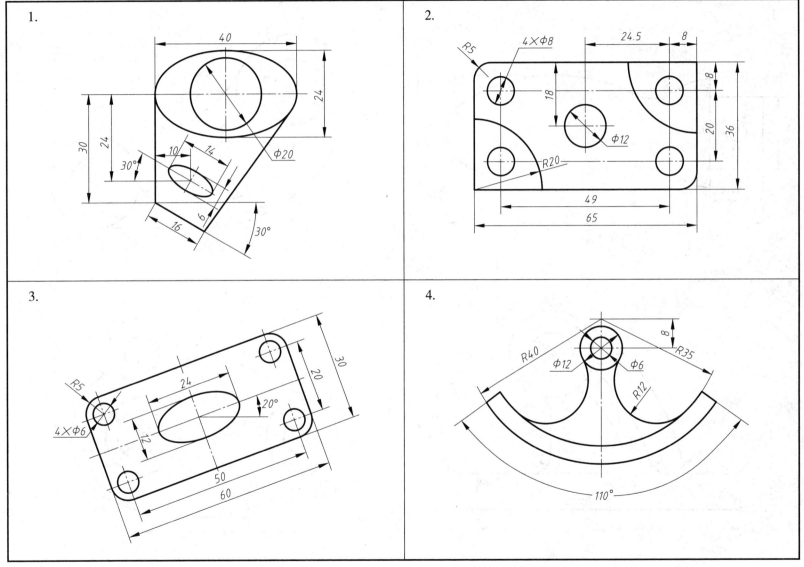

1.

2.

3.

4.

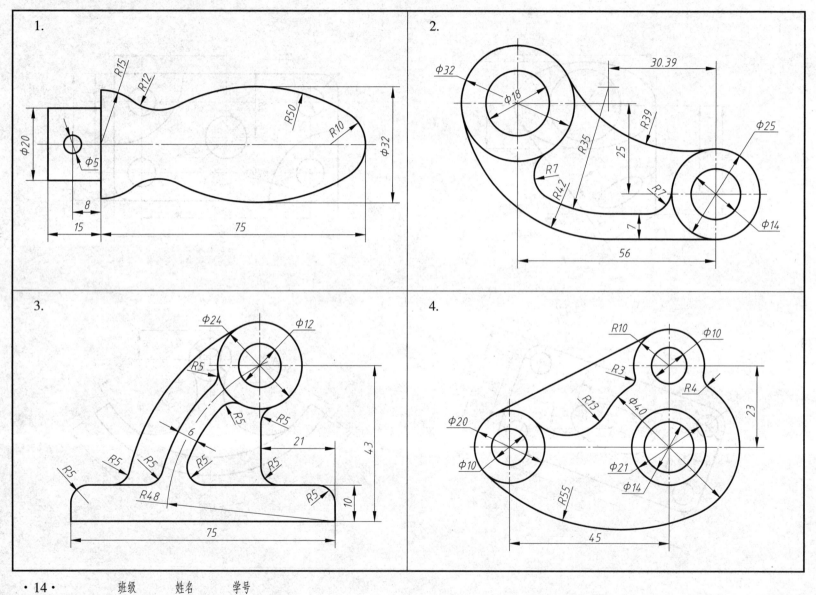

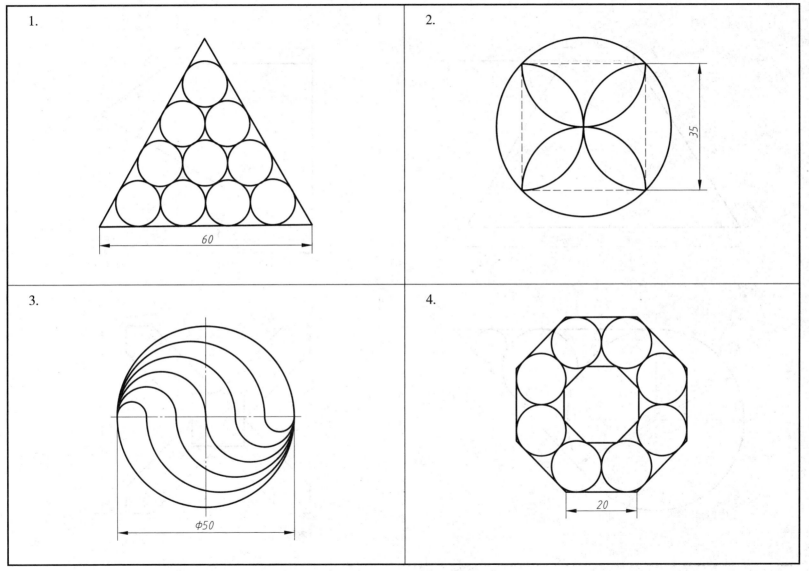

1.

2.

35

60

3.

Φ50

4.

20

1-16 根据所给尺寸绘制图形（十一）

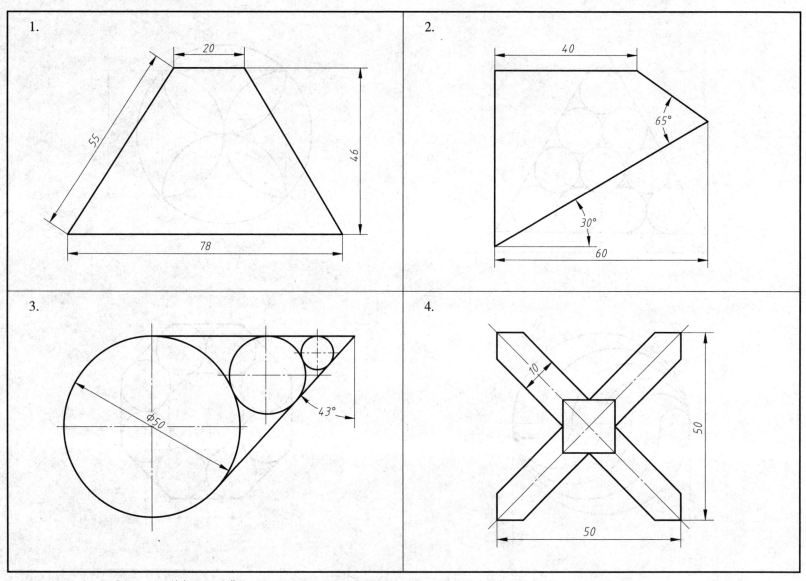

1-17　根据所给尺寸绘制图形（十二）

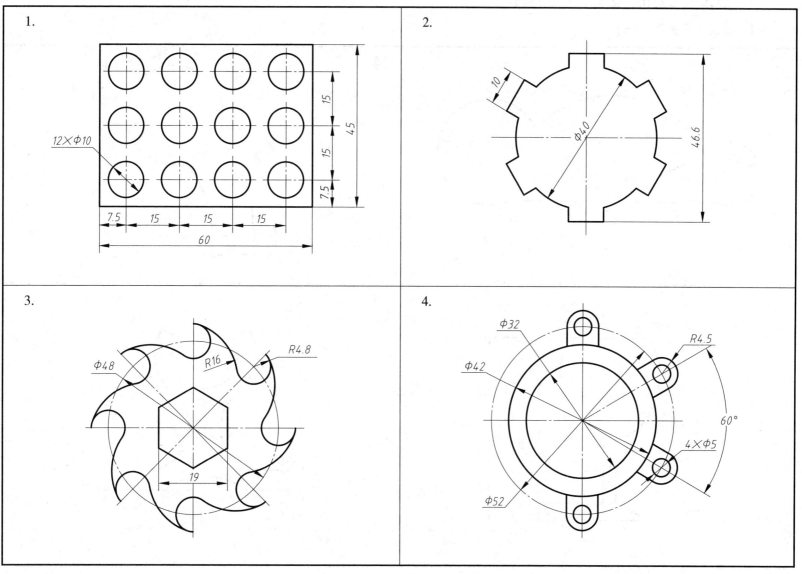

1.

2.

3.

4.

第二章 绘制复杂平面图

2-1 绘制平面图形（一）

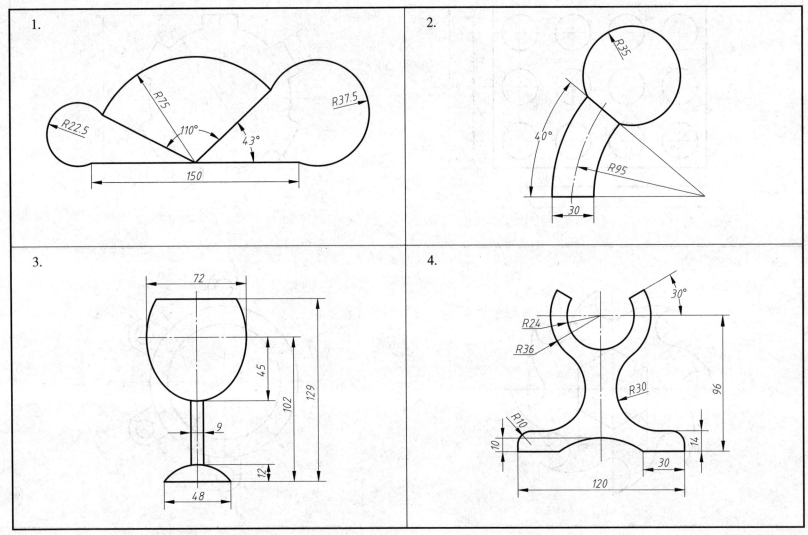

班级　姓名　学号

2-2 绘制平面图形（二）

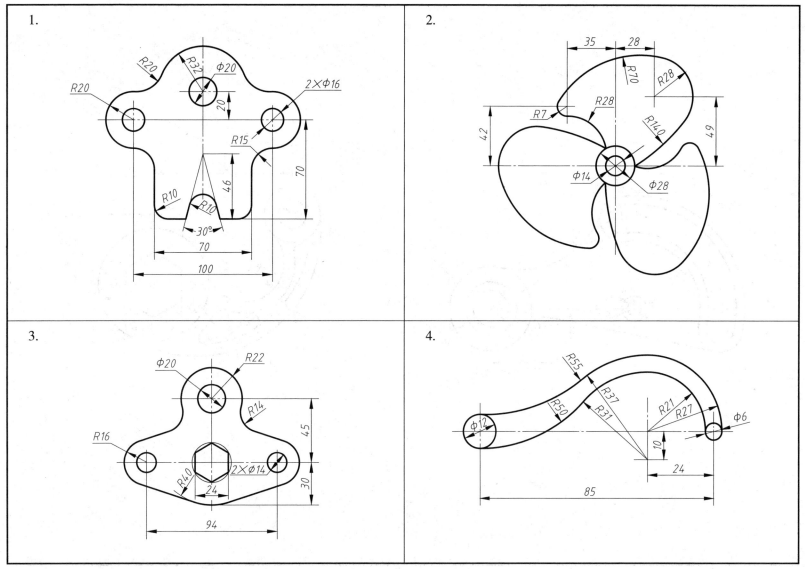

1.

2.

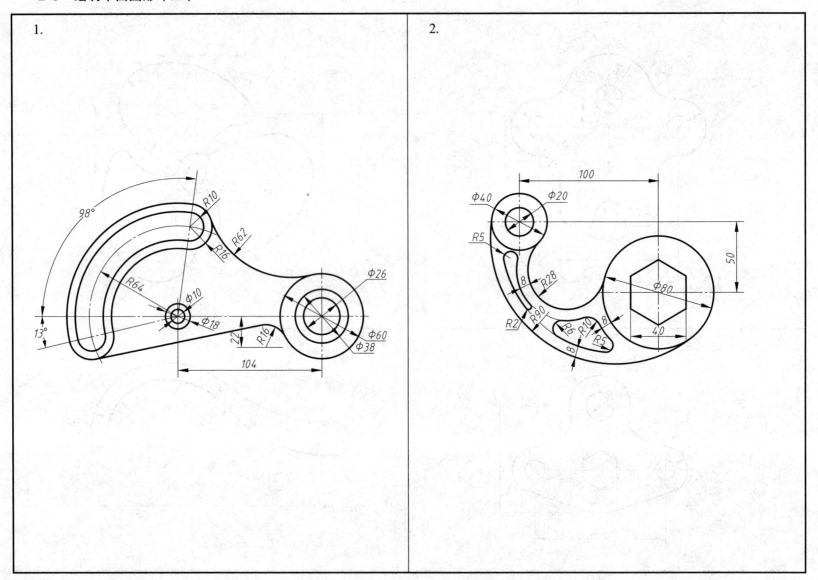

班级　　姓名　　学号

1.

2.

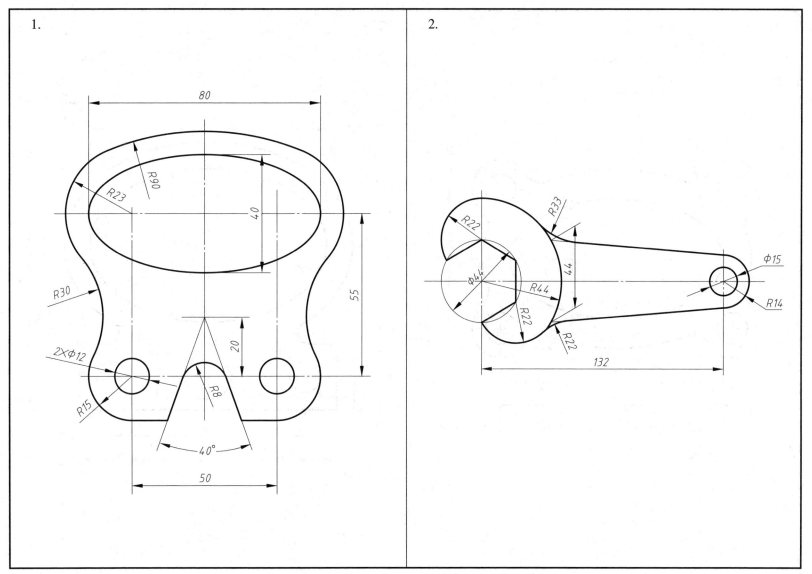

1.

2.

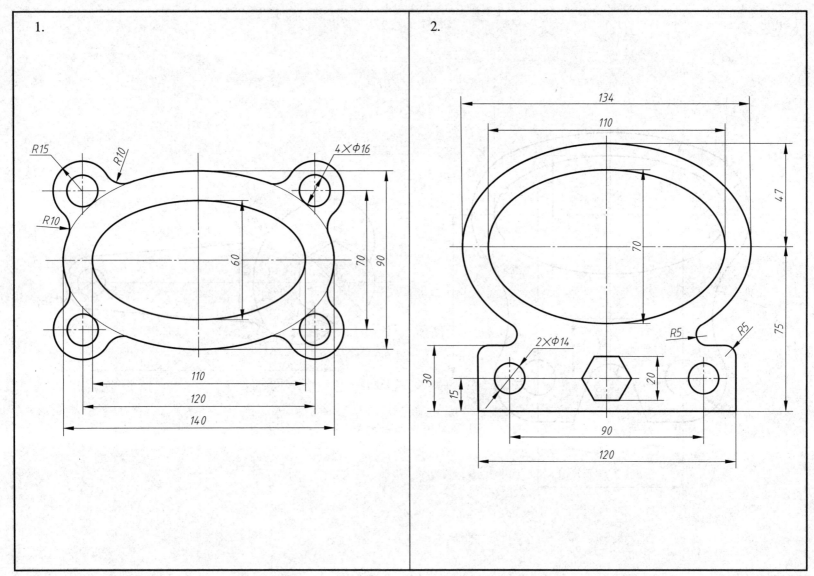

班级　　姓名　　学号

1.

2.

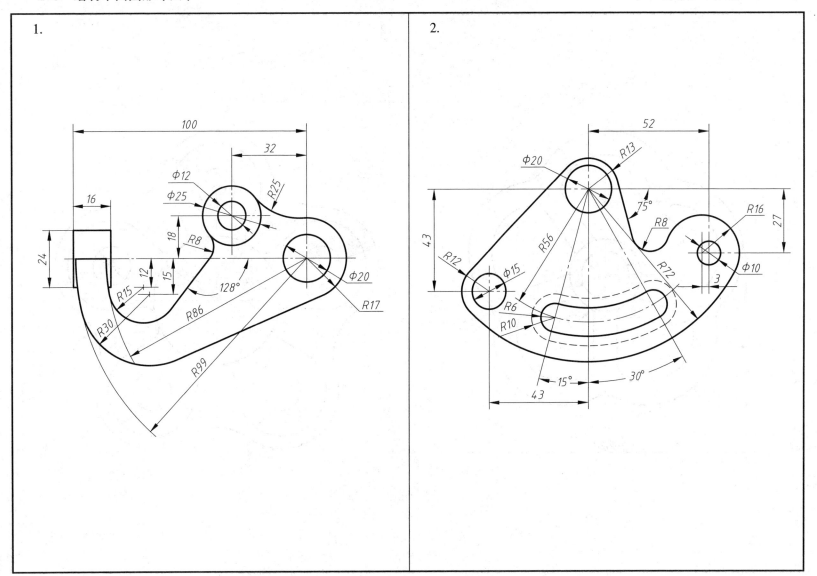

1.

2.

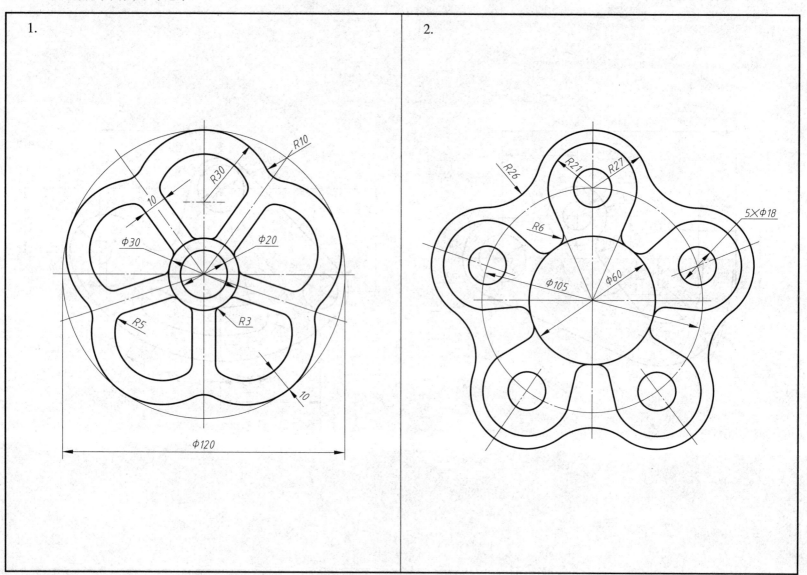

班级　　姓名　　学号

2-8 绘制平面图形（八）

1.

2.

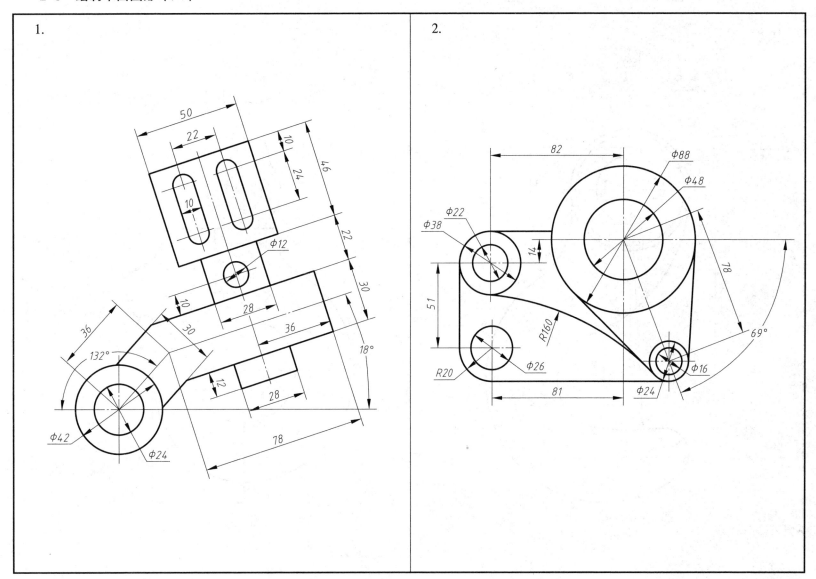

1.

2.

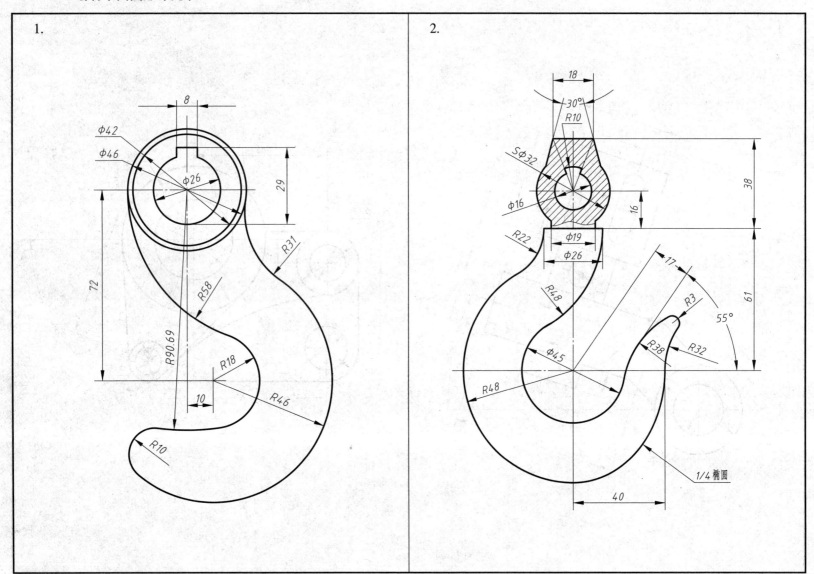

　班级　　姓名　　学号

1.

2.

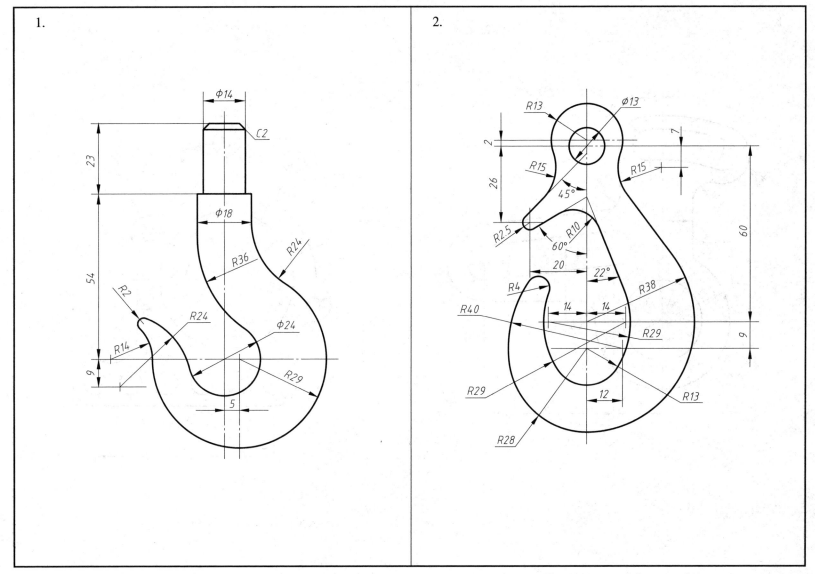

1.

2.

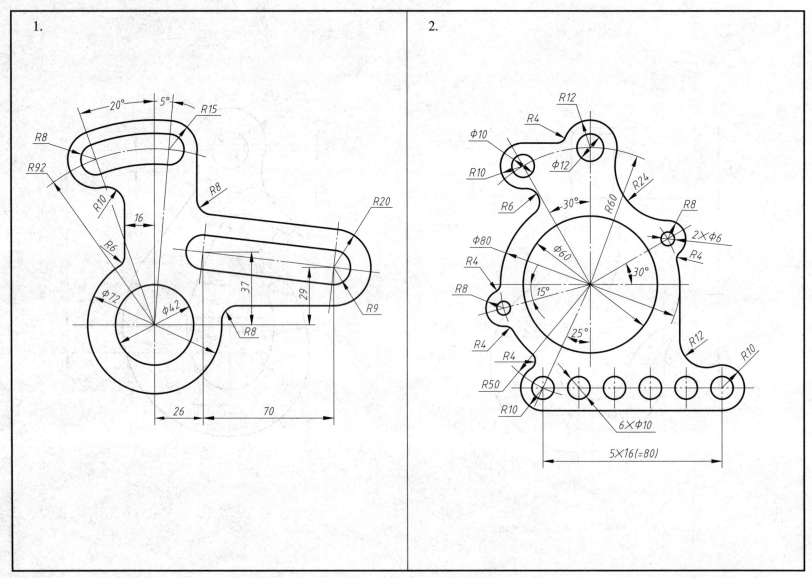

班级　　姓名　　学号

1.

2.

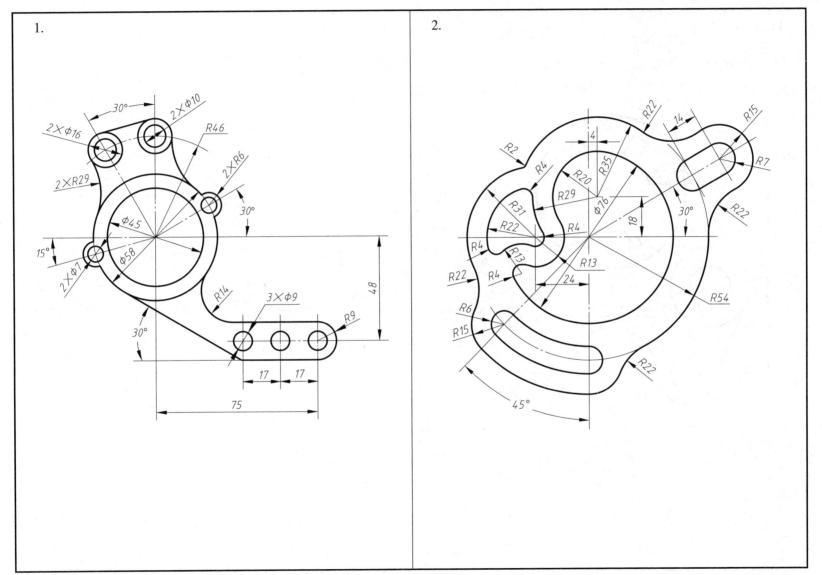

1.

2.

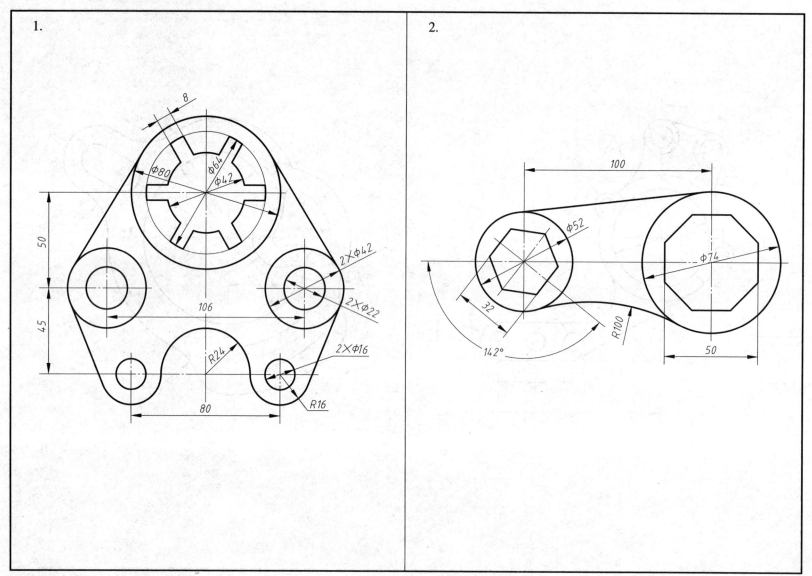

班级　　姓名　　学号

1.

2.

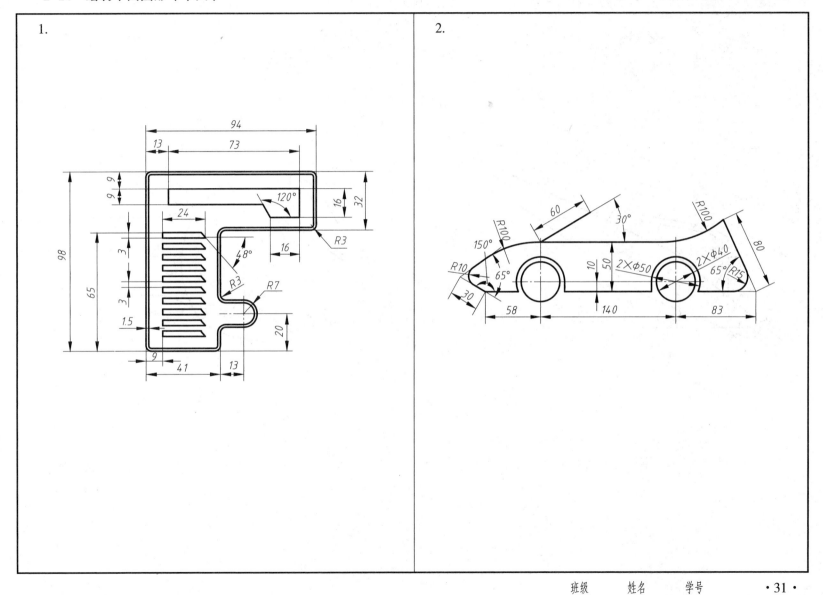

1.

2.

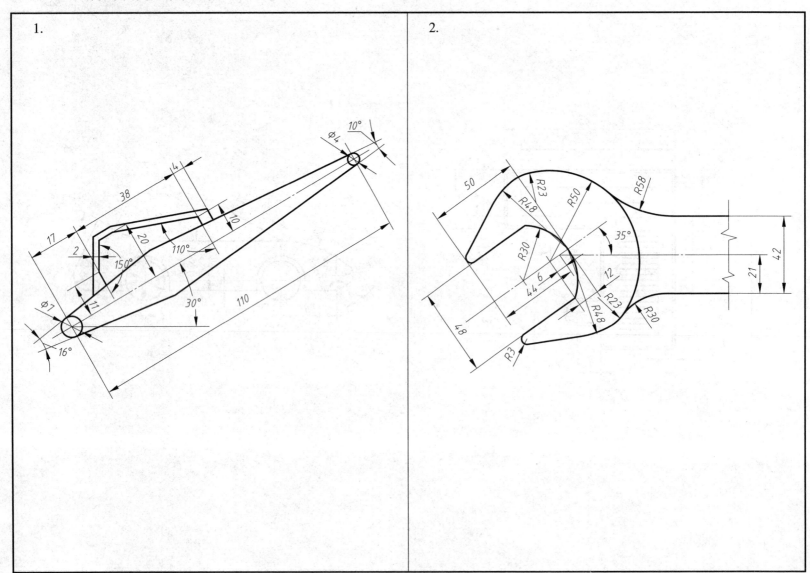

班级　　姓名　　学号

1.

2.

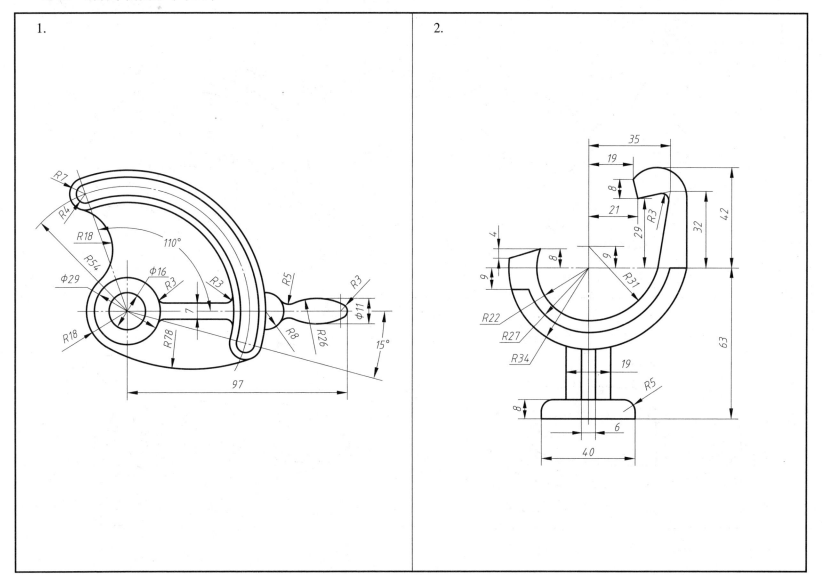

2–17 绘制平面图形（十七）

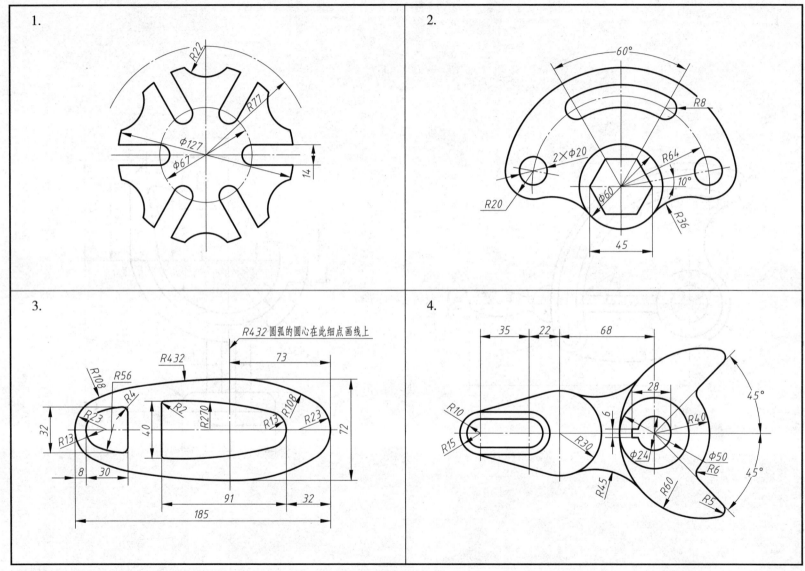

1.

2.

3.

R432圆弧的圆心在此细点画线上

4.

1.

2.

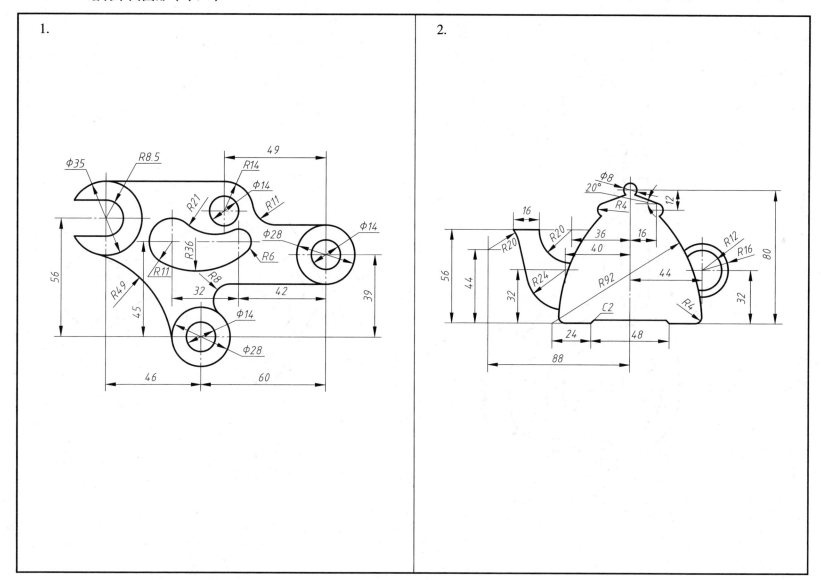

1.

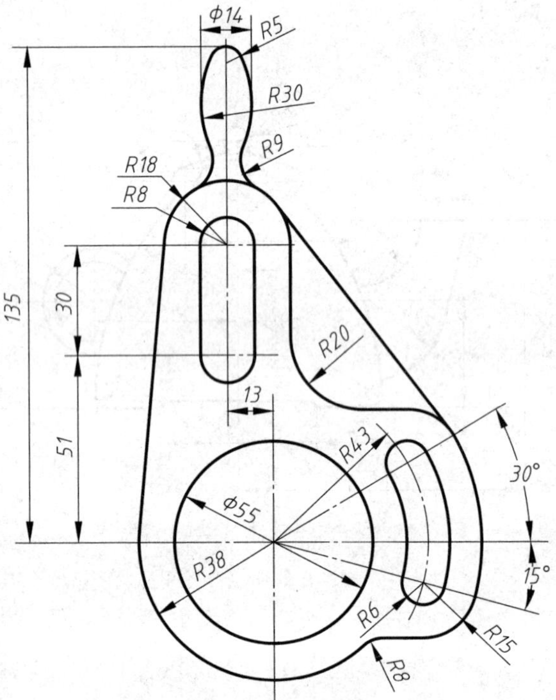

$\phi14$ R5
R30
R18
R9
R8
R20
135
30
13
51
R43
30°
$\phi55$
R38
15°
R6
R15
R8

2.

R10
R50 R15
25
R15
R16.5
120°
R10
30
9
R15
$\phi40$
47

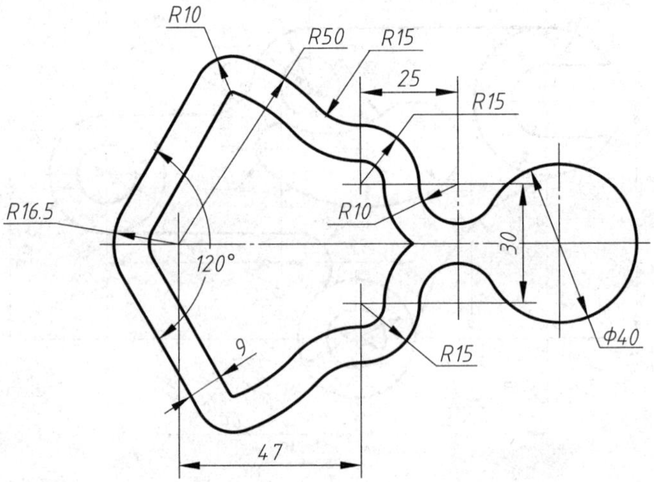

　班级　　姓名　　学号

1.

2.

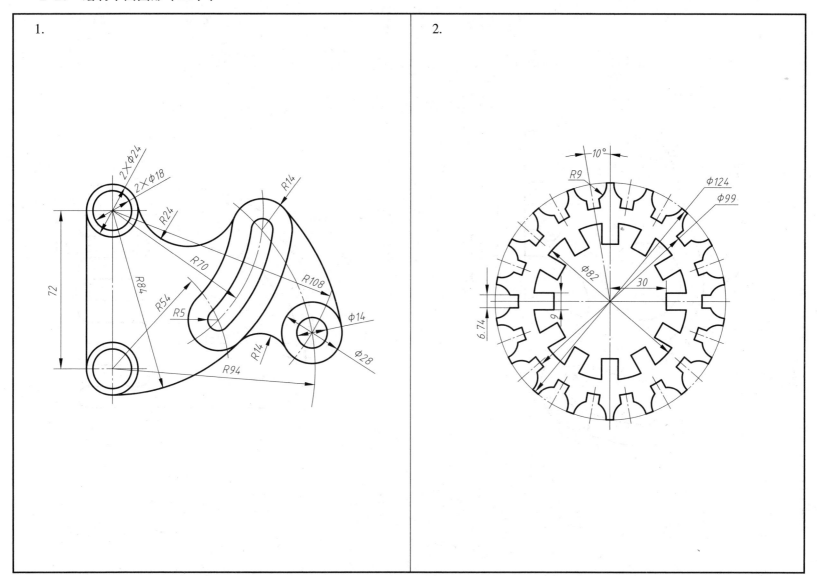

1.

2.

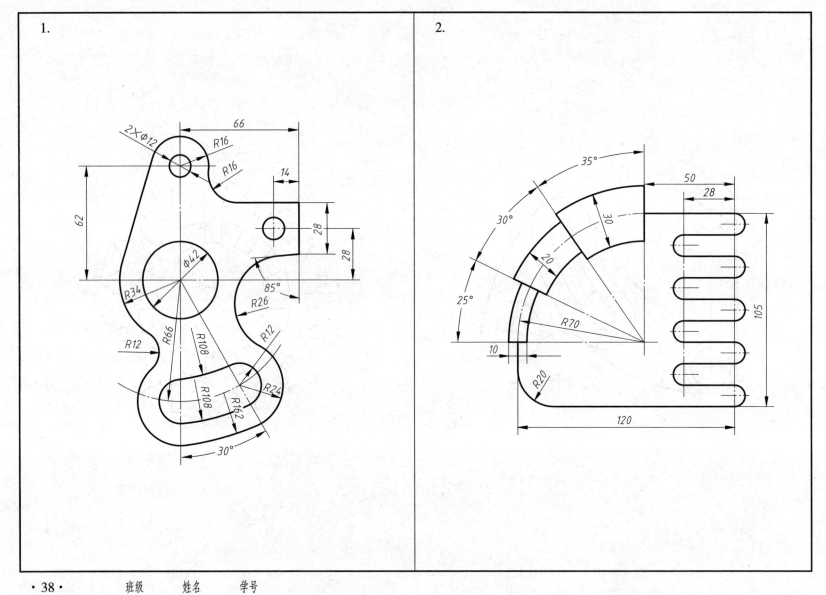

班级　　姓名　　学号

第三章 绘制三视图

3–1 绘制三视图（一）

1.

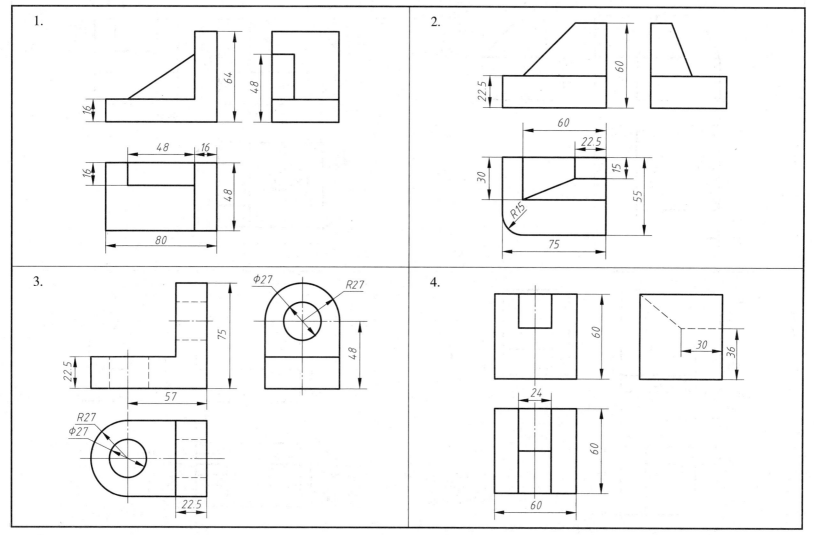

3-2 绘制三视图（二）

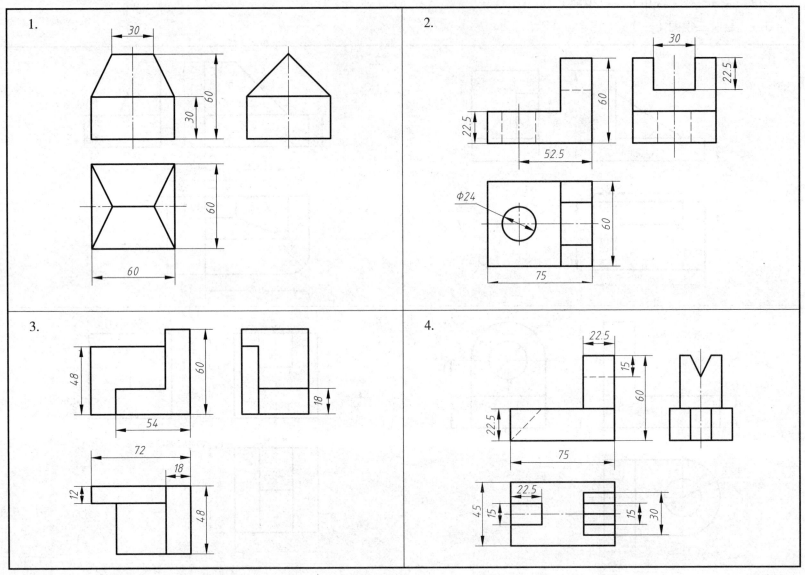

班级   姓名   学号

3-3 绘制三视图（三）

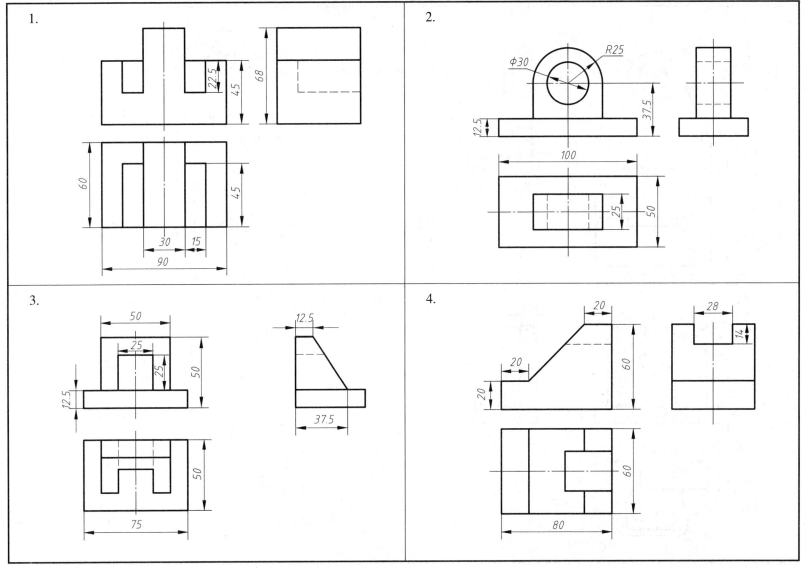

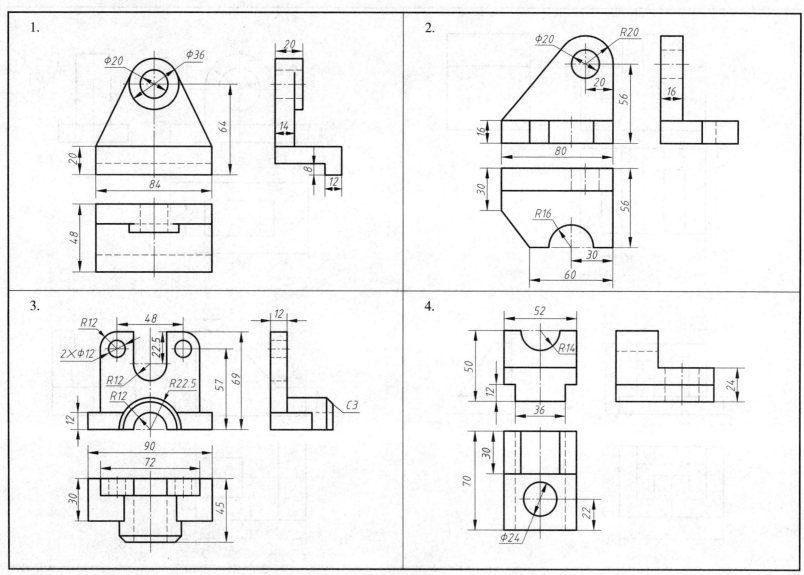

1.

2.

3.

4.

班级　　姓名　　学号

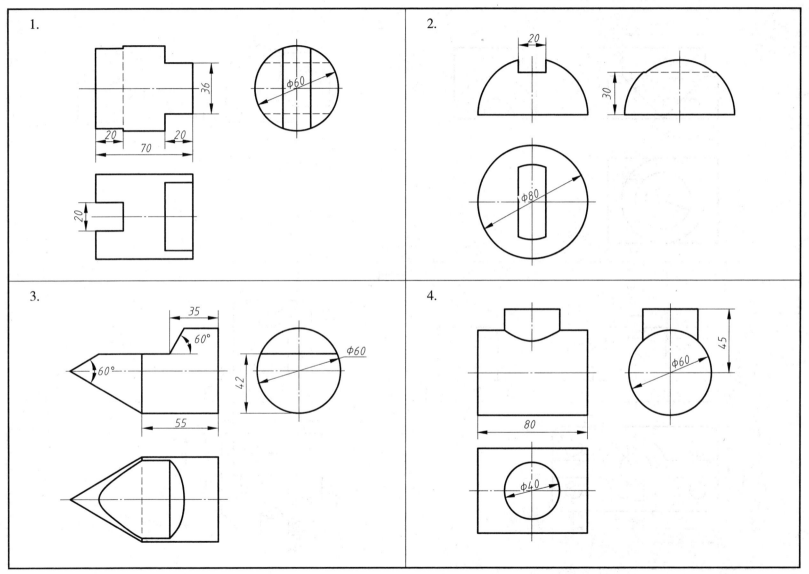

1.

2.

3.

4.

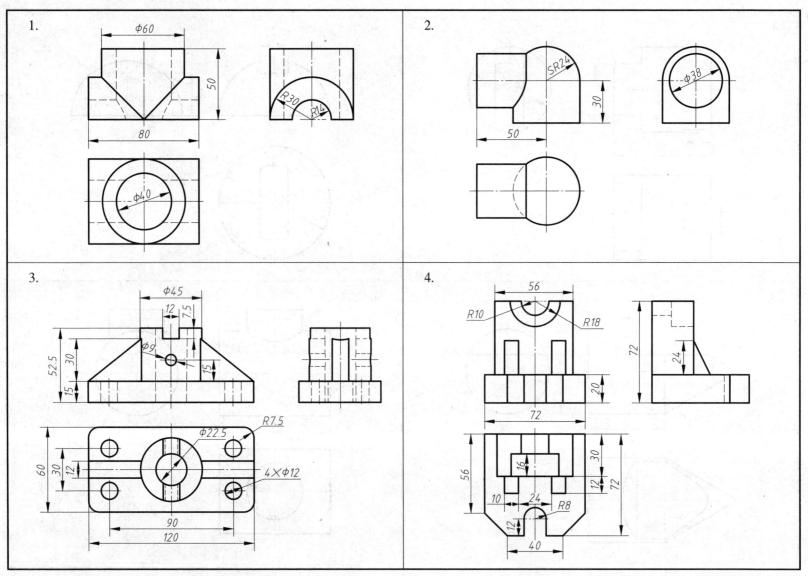

1.

2.

3.

4.

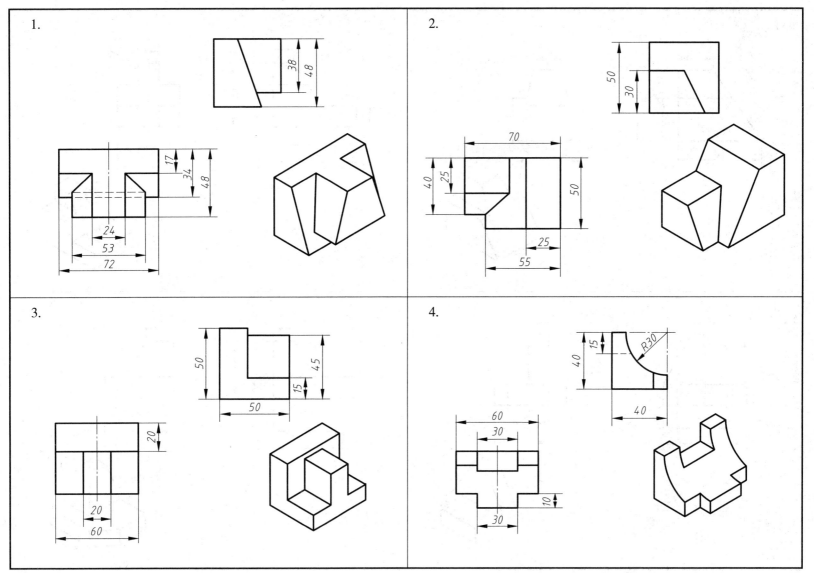

3-8 绘制主视图、左视图，求作俯视图（一）

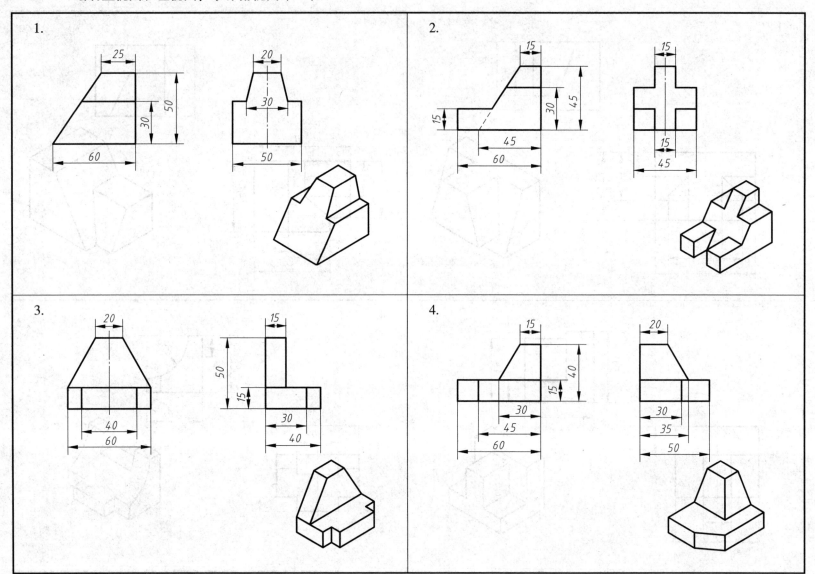

班级　　姓名　　学号

3-9 绘制主视图、左视图，求作俯视图（二）

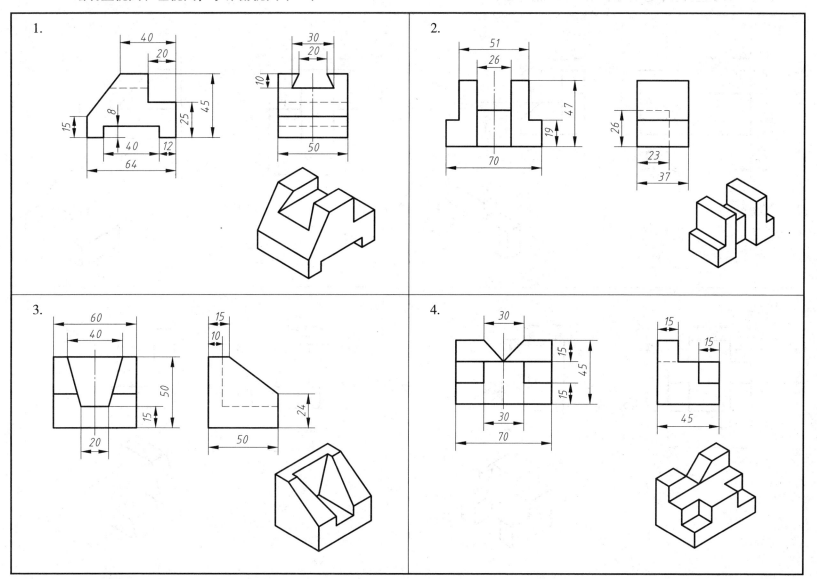

3-10 绘制主视图、左视图，求作俯视图（三）

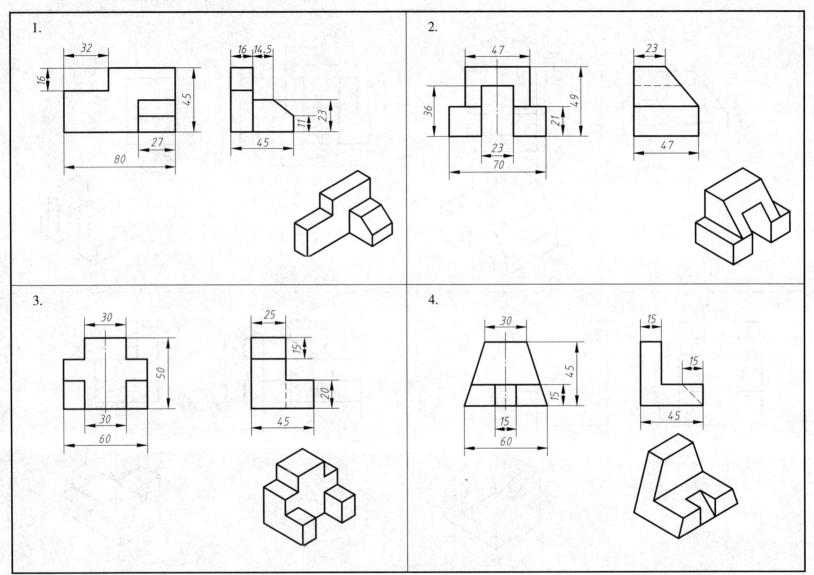

班级　　姓名　　学号

3-11 绘制主视图、俯视图，求作左视图（一）

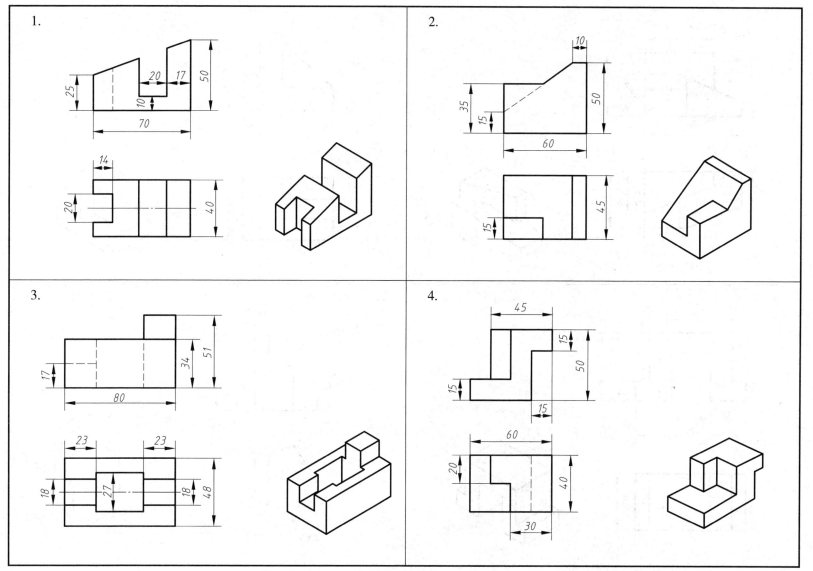

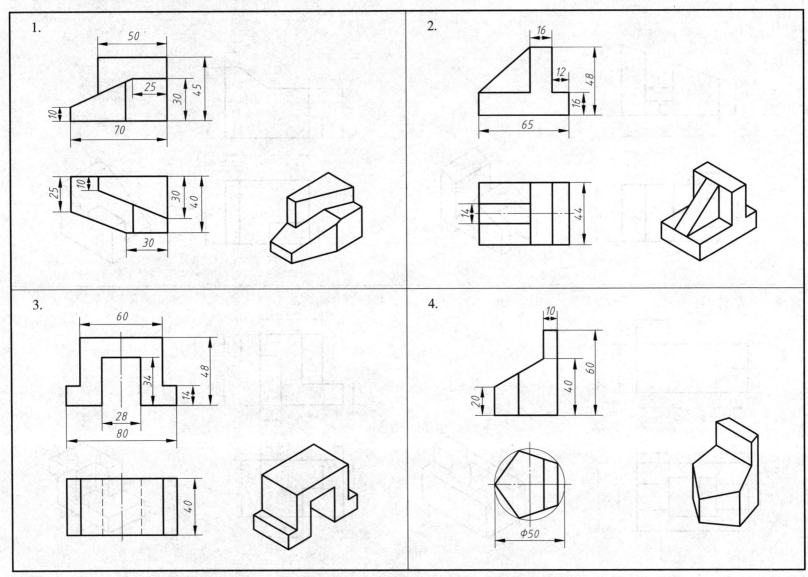

班级　　姓名　　学号

第四章 绘制轴测图

4-1 绘制正等轴测图（一）

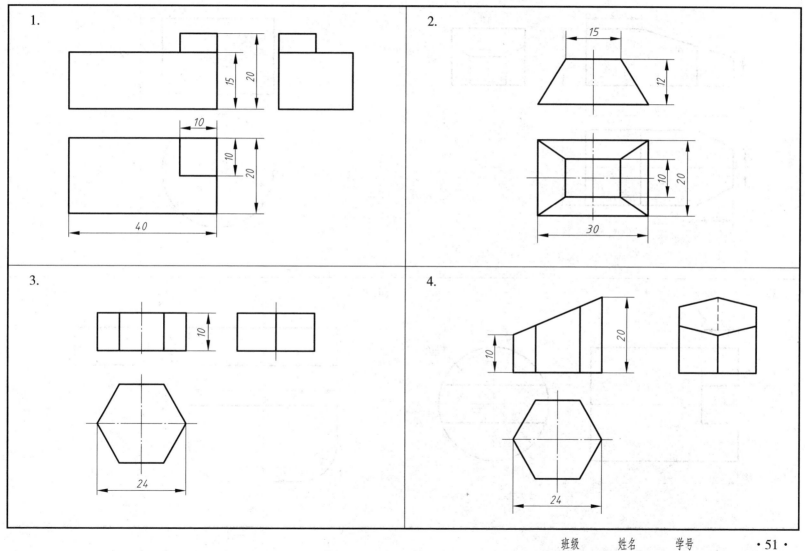

4-2 绘制正等轴测图（二）

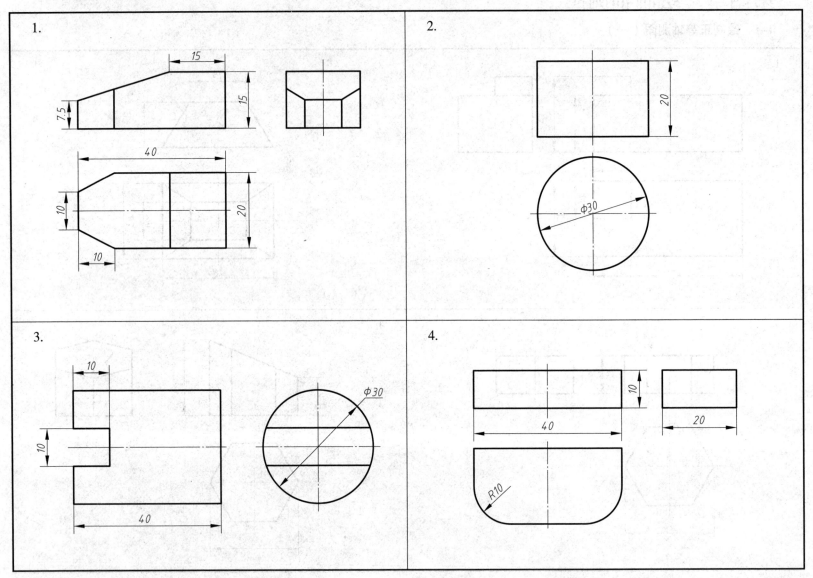

　班级　　姓名　　学号

4–3 绘制正等轴测图（三）

1.

2.

3.

4.

4-4 绘制正等轴测图（四）

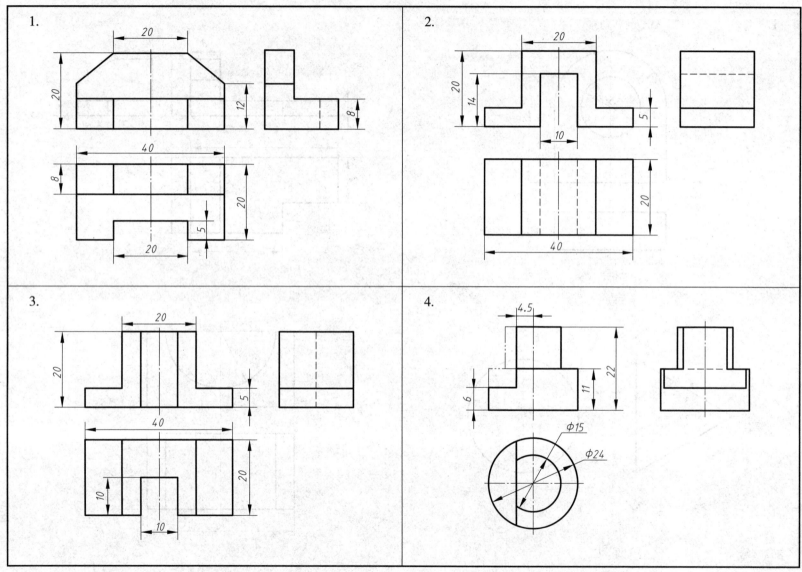

班级　　姓名　　学号

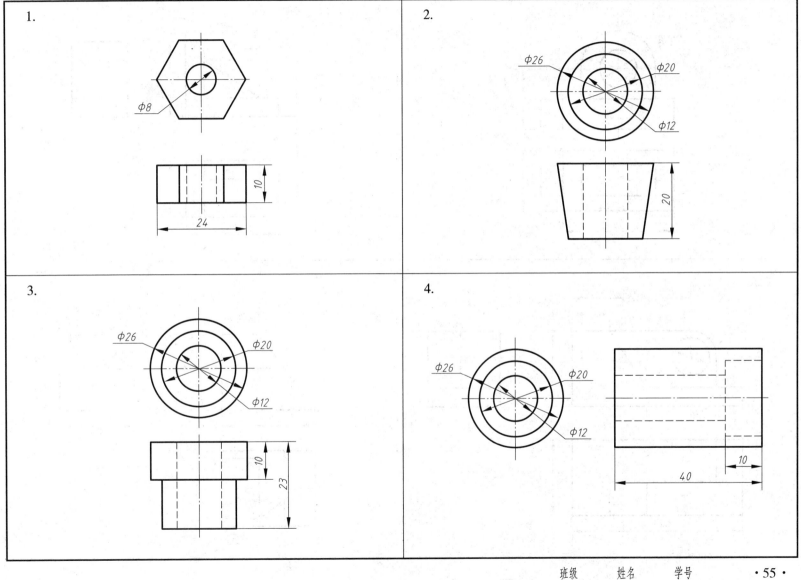

1.

2.

3.

4.

4-6 绘制斜二等轴测图（二）

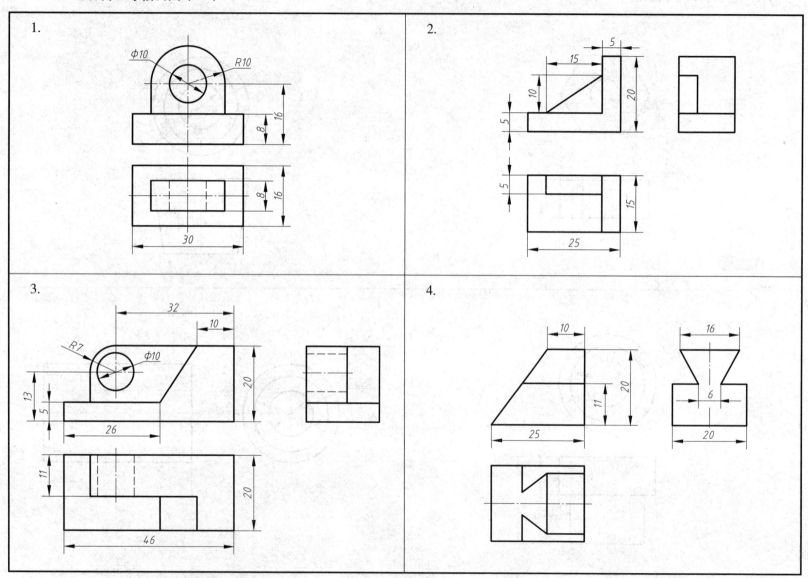

1.

2.

3.

4.

班级　　姓名　　学号

第五章 绘制剖视图

5–1 绘制剖视图（一）

1.

2.

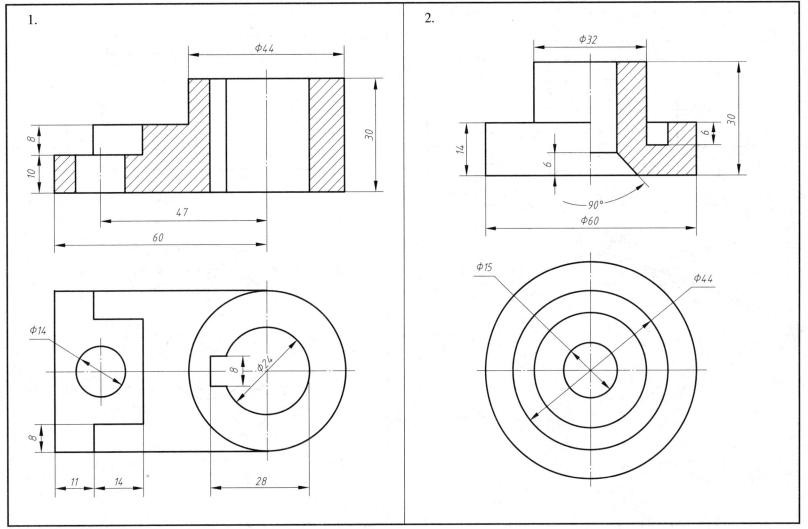

5-2 绘制剖视图（二）

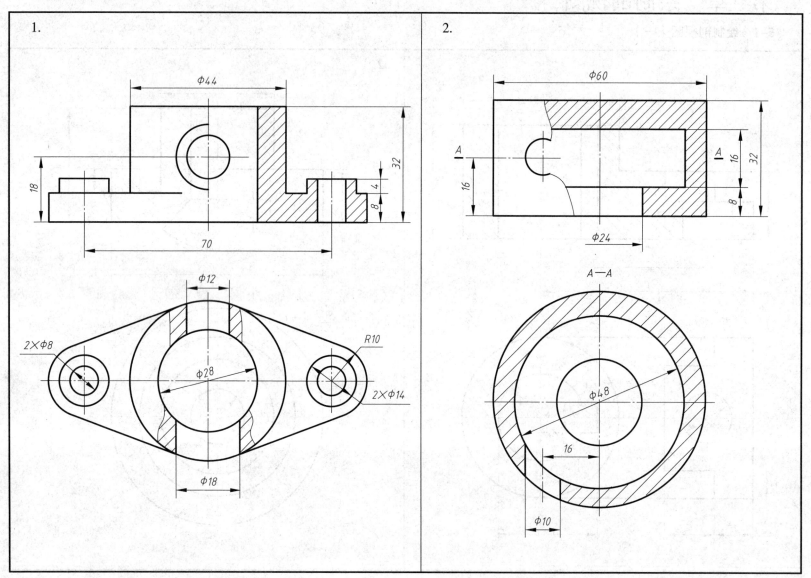

1.

2.

1.

2.

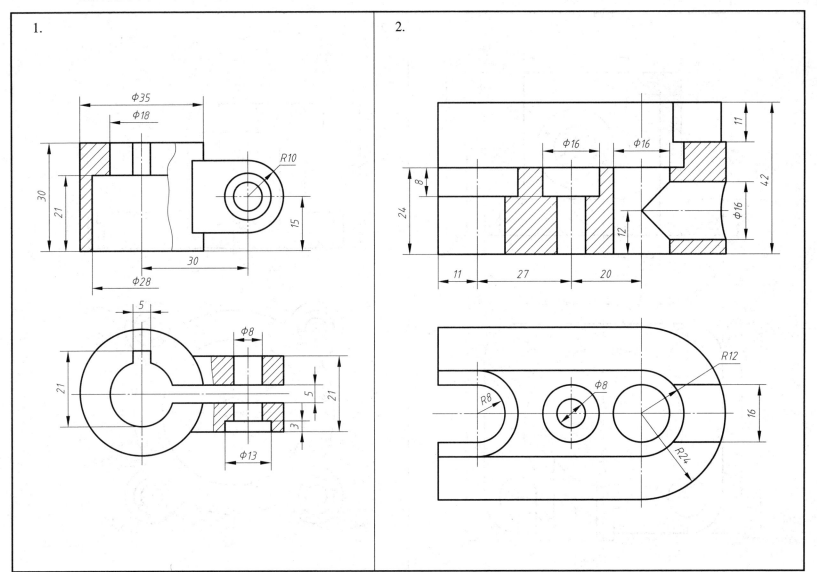

1.

2.

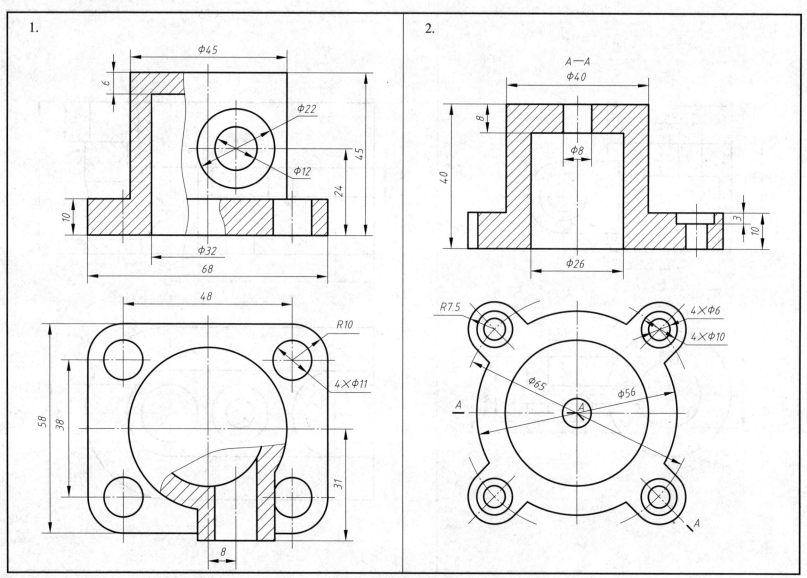

班级　　姓名　　学号

1.

2.

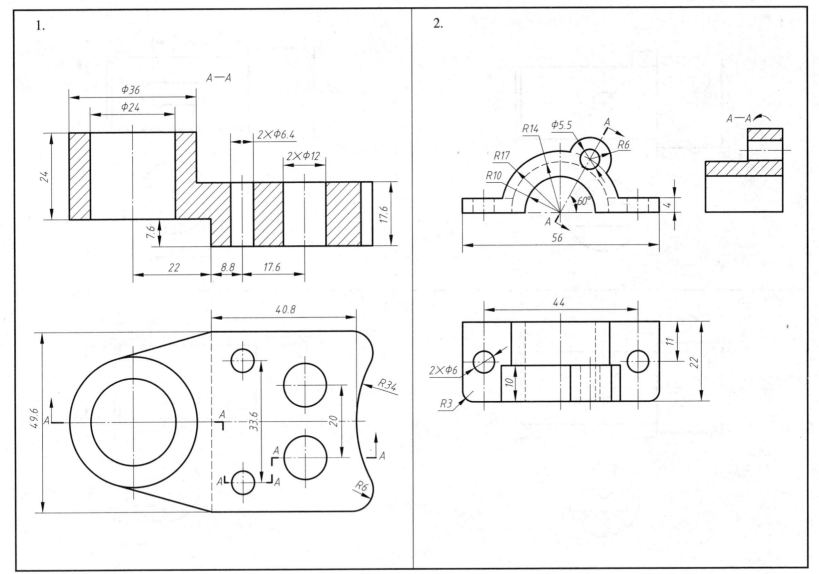

5–6 绘制断面图

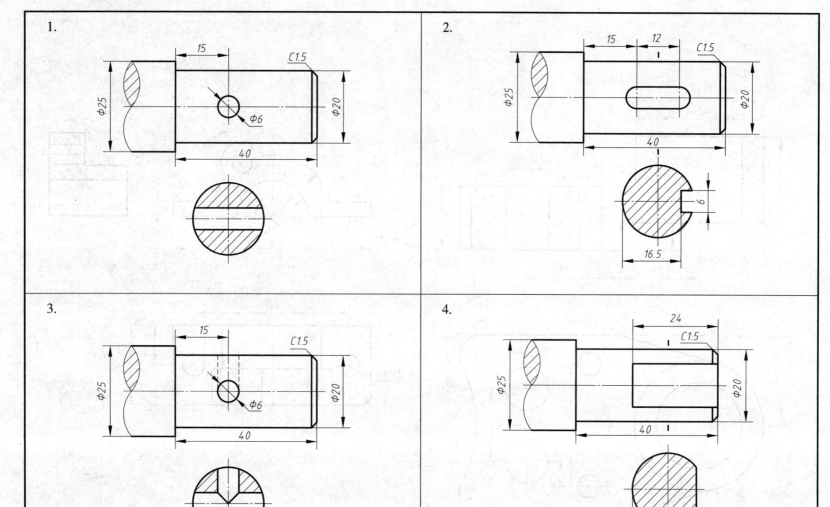

第六章　标注

6-1　绘制图形，并进行标注（一）

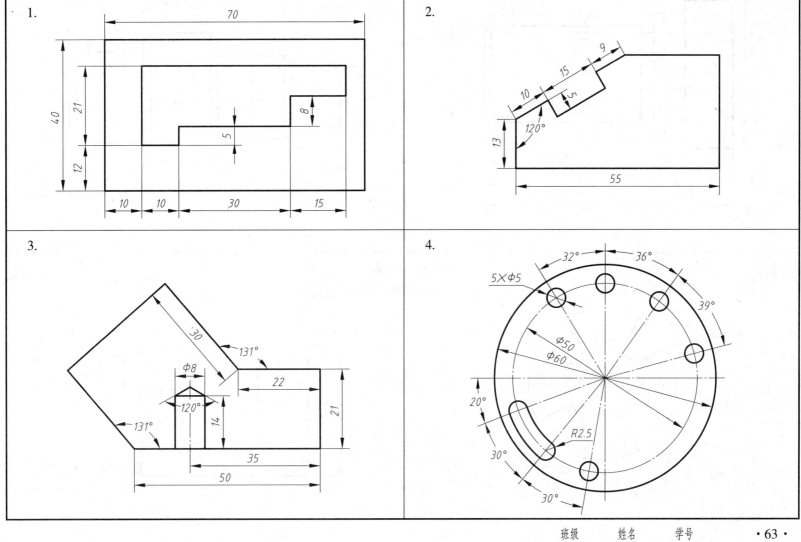

1.

2.

3.

4.

6–2 绘制图形，并进行标注（二）

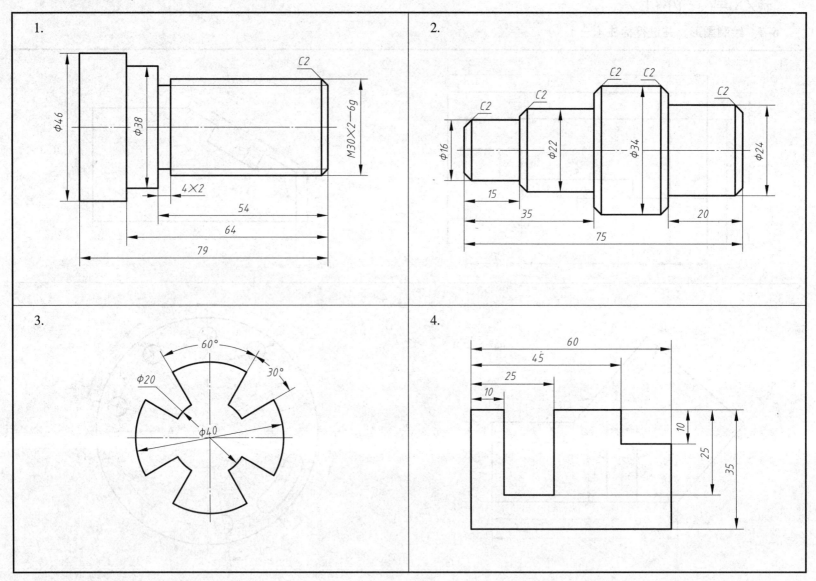

1.

2.

3.

4.

6-3 绘制图形，并进行标注（三）

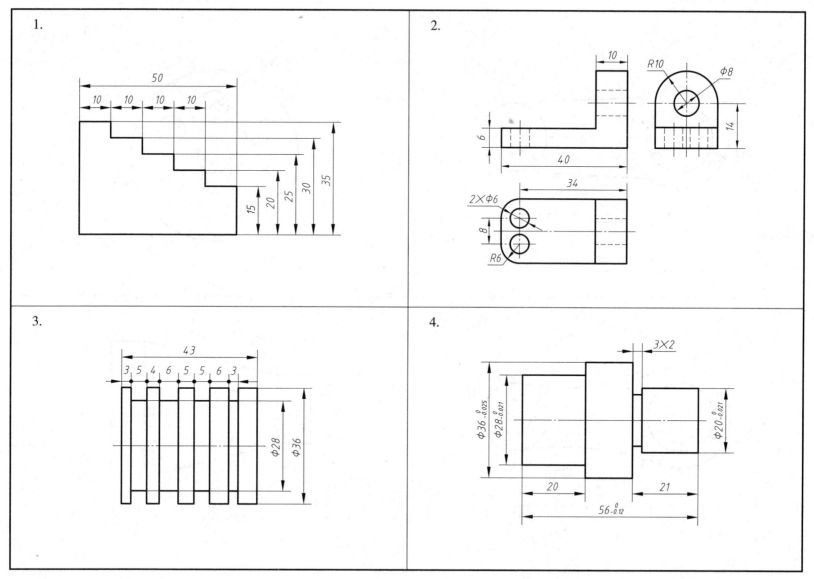

1.

2.

3.

4.

6-4 绘制图形，并进行标注（四）

1.

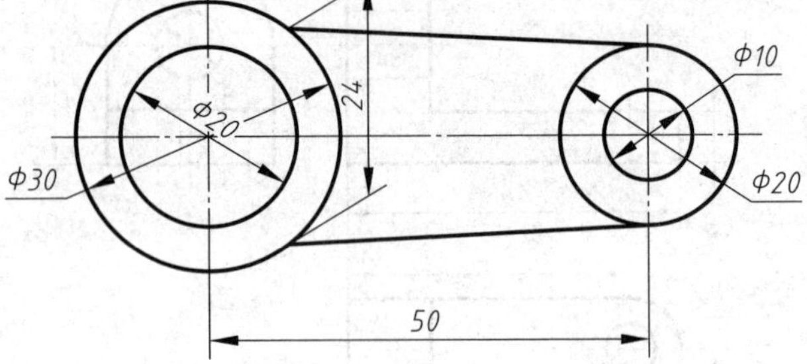

2.

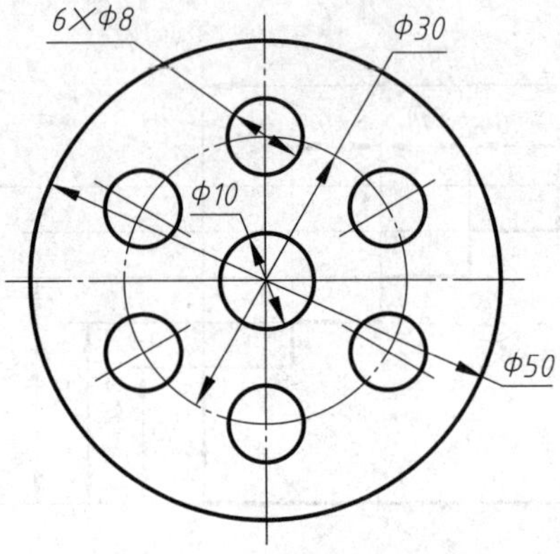

3.

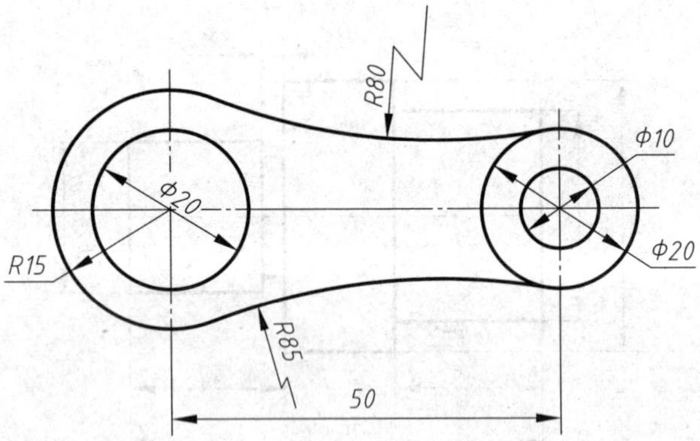

4.

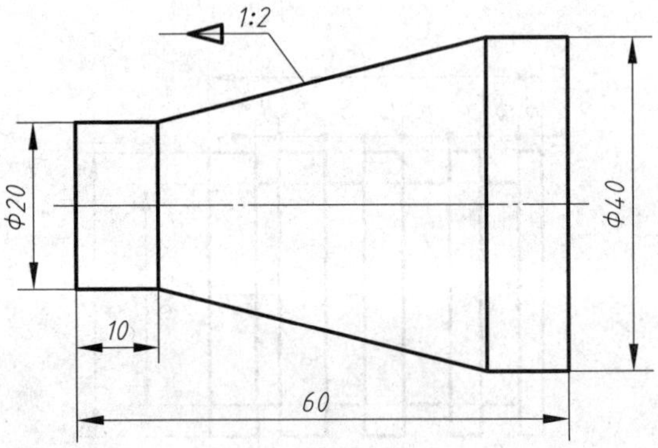

班级　　姓名　　学号

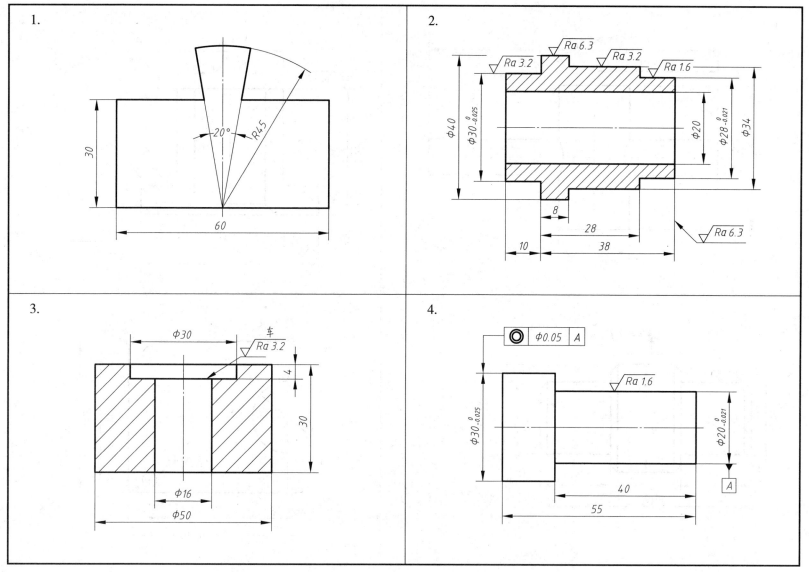

1.

2.

3.

4.

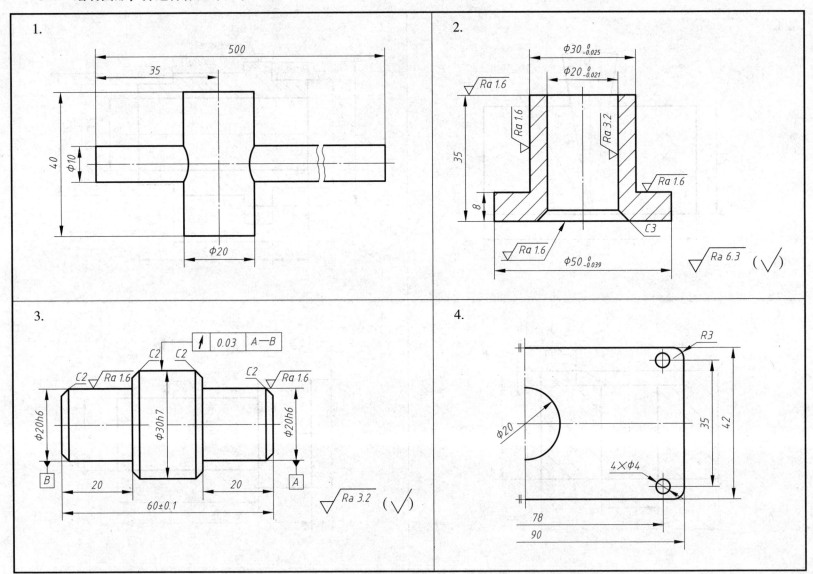

1.

2.

$\sqrt{Ra\ 6.3}$ （$\checkmark$）

3.

$\sqrt{Ra\ 3.2}$ （$\checkmark$）

4.

第七章 绘制零件图

7-1 绘制图形并标注尺寸（一）

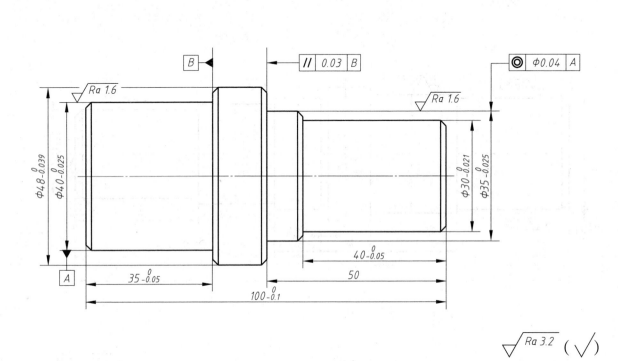

技术要求

1. 未注倒角为C1.5。
2. 未注尺寸公差按GB/T 1804—m。

台阶轴	比例	材料	数量	（图号）
		45		
制图	（签名）	（日期）	（单位名称）	
审核	（签名）	（日期）		

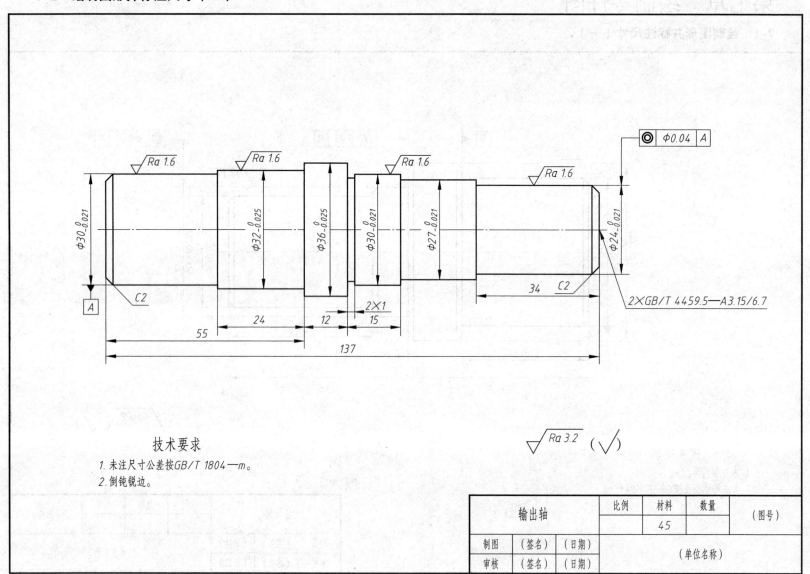

$\sqrt{Ra\,1.6}$ $\sqrt{Ra\,1.6}$ $\sqrt{Ra\,1.6}$ $\sqrt{Ra\,1.6}$

$\bigcirc$ | $\phi 0.04$ | A

$\phi 30_{-0.021}^{0}$ $\phi 32_{-0.025}^{0}$ $\phi 36_{-0.025}^{0}$ $\phi 30_{-0.021}^{0}$ $\phi 27_{-0.021}^{0}$ $\phi 24_{-0.021}^{0}$

A C2 2×1 34   C2

$2\times GB/T\,4459.5—A3.15/6.7$

24   12   15

55

137

技术要求

1. 未注尺寸公差按GB/T 1804—m。

2. 倒钝锐边。

$\sqrt{Ra\,3.2}$ ($\sqrt{}$)

输出轴	比例	材料	数量	（图号）
		45		
制图	（签名）	（日期）		（单位名称）
审核	（签名）	（日期）		

班级　　姓名　　学号

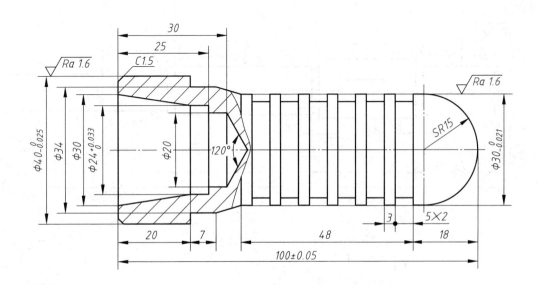

技术要求
1. 未注尺寸公差按GB/T 1804—m。
2. 去毛刺，倒钝锐边。

$\sqrt{Ra\ 3.2}$ ($\sqrt{}$)

活塞杆			比例	材料	数量	（图号）
				45		
制图	（签名）	（日期）		（单位名称）		
审核	（签名）	（日期）				

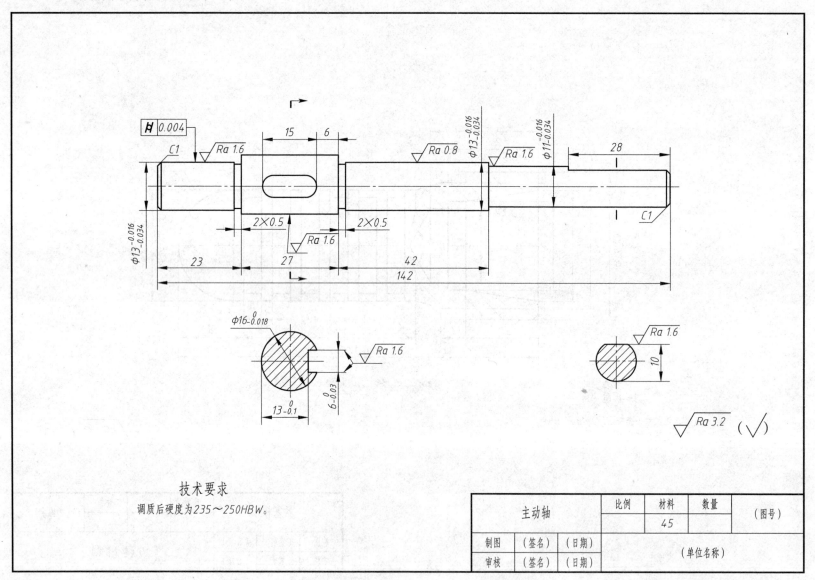

技术要求

调质后硬度为235～250HBW。

主动轴	比例	材料	数量	（图号）
		45		
制图	（签名）	（日期）	（单位名称）	
审核	（签名）	（日期）		

班级　　姓名　　学号

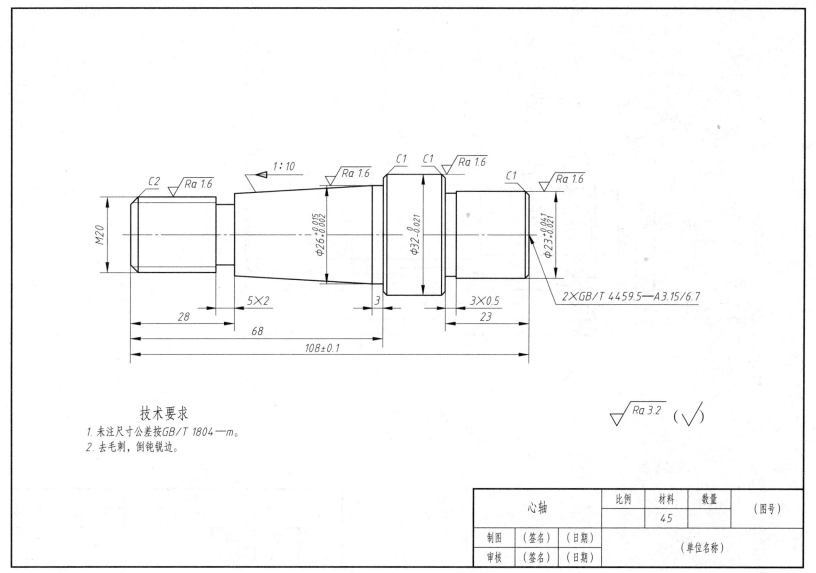

技术要求

1. 未注尺寸公差按GB/T 1804—m。
2. 去毛刺，倒钝锐边。

心轴	比例	材料	数量	（图号）
		45		
制图	（签名）	（日期）		（单位名称）
审核	（签名）	（日期）		

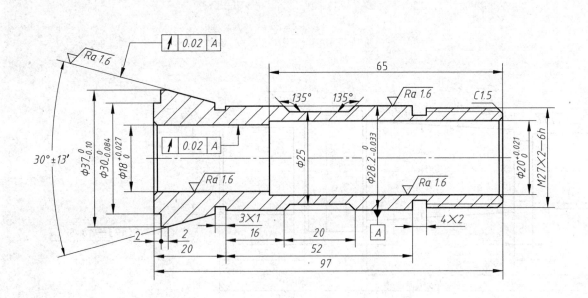

技术要求

1. 未注尺寸公差按GB/T 1804—m。
2. 未注倒角为C0.5。

$\sqrt{}$ Ra 3.2 $\left(\sqrt{}\right)$

弹性夹头	比例	材料	数量	（图号）
		45		
制图	（签名）	（日期）	（单位名称）	
审核	（签名）	（日期）		

　班级　　姓名　　学号

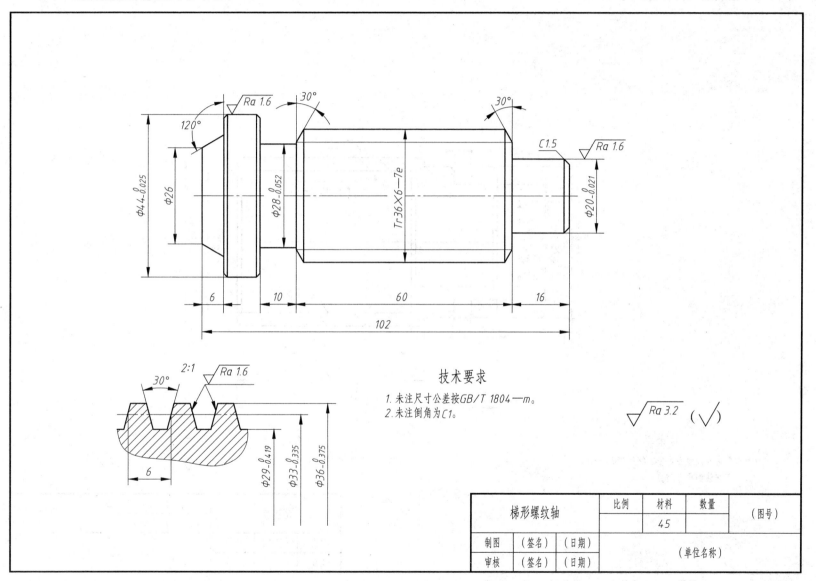

技术要求

1. 未注尺寸公差按GB/T 1804—m。
2. 未注倒角为C1。

$\sqrt{Ra\,3.2}$ （$\sqrt{}$）

梯形螺纹轴	比例	材料	数量	（图号）
		45		
制图	（签名）	（日期）		（单位名称）
审核	（签名）	（日期）		

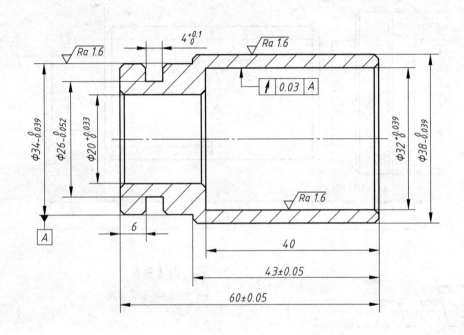

技术要求

1. 未注尺寸公差按GB/T 1804—m。
2. 未注倒角为C1。

$\sqrt{Ra\ 3.2}$ $\left(\sqrt{}\right)$

薄壁套			比例	材料	数量	（图号）
				45		
制图	（签名）	（日期）		（单位名称）		
审核	（签名）	（日期）				

班级　　姓名　　学号

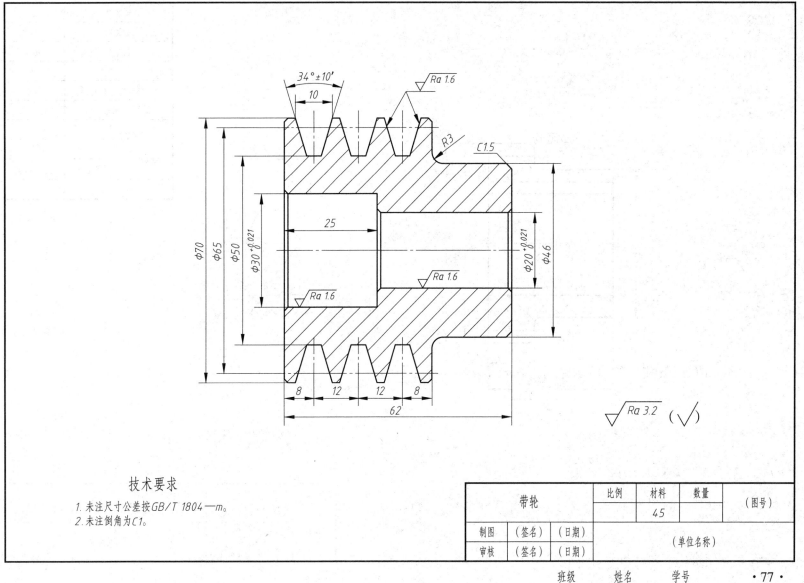

技术要求

1. 未注尺寸公差按GB/T 1804—m。
2. 未注倒角为C1。

带轮		比例	材料	数量	（图号）
			45		
制图	（签名）（日期）		（单位名称）		
审核	（签名）（日期）				

模数 m		1.5
齿数 z_2		34
压力角		20°
齿圈径向跳动 F_r		0.063
公法线长度变动公差 F_w		0.028
基节极限偏差 $\pm f_{pb}$		±0.013
齿形公差 f_f		0.011
公法线	长度	16.21
	极限偏差	$^{-0.012}_{-0.168}$
跨测齿数 k		4

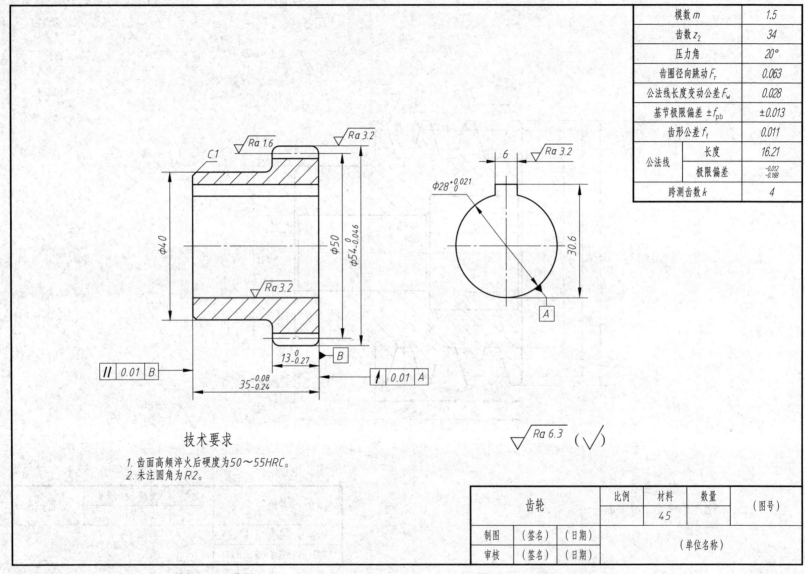

$\sqrt{Ra\,6.3}\ (\sqrt{\ })$

技术要求

1. 齿面高频淬火后硬度为50～55HRC。
2. 未注圆角为R2。

齿轮		比例	材料	数量	（图号）
			45		
制图	（签名）（日期）			（单位名称）	
审核	（签名）（日期）				

　班级　　姓名　　学号

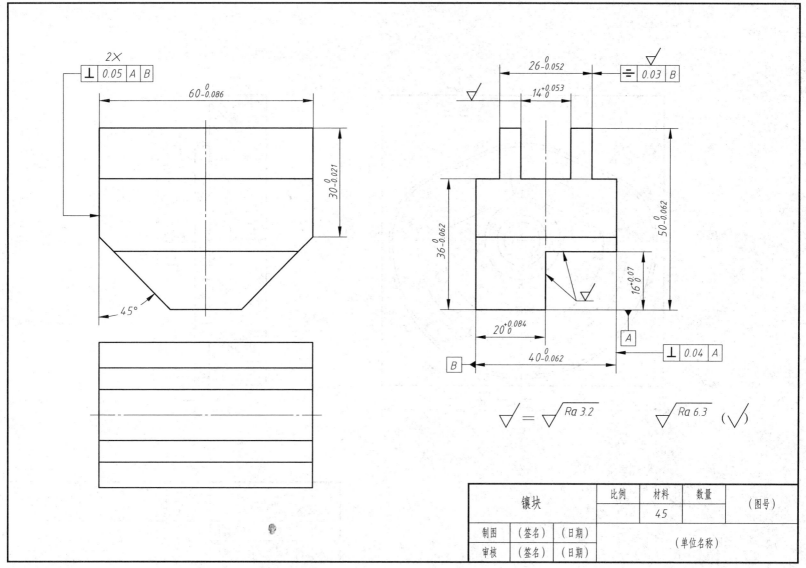

镶块	比例	材料	数量	（图号）
		45		
制图	（签名）	（日期）		（单位名称）
审核	（签名）	（日期）		

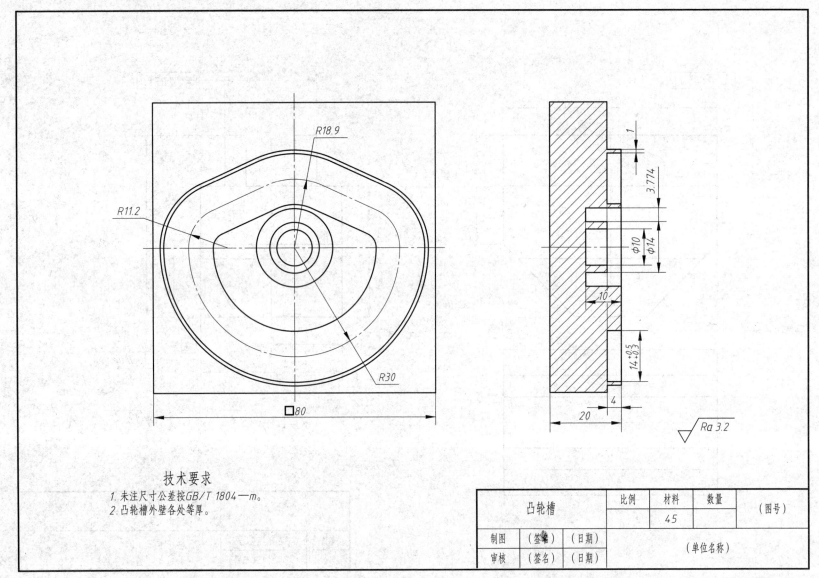

技术要求
1. 未注尺寸公差按GB/T 1804—m。
2. 凸轮槽外壁各处等厚。

凸轮槽	比例	材料	数量	（图号）
		45		
制图	（签名）	（日期）		（单位名称）
审核	（签名）	（日期）		

　班级　　姓名　　学号

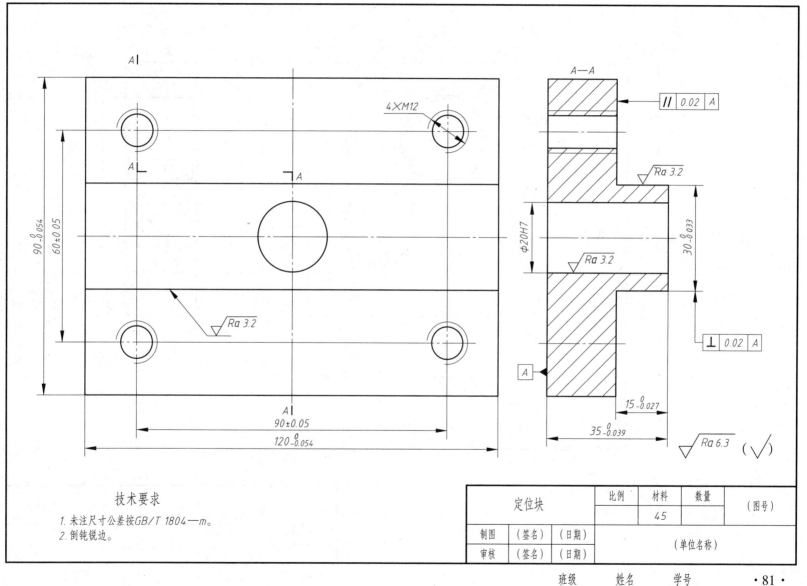

技术要求

1. 未注尺寸公差按GB/T 1804—m。
2. 倒钝锐边。

定位块			比例	材料	数量	（图号）
				45		
制图	（签名）	（日期）				（单位名称）
审核	（签名）	（日期）				

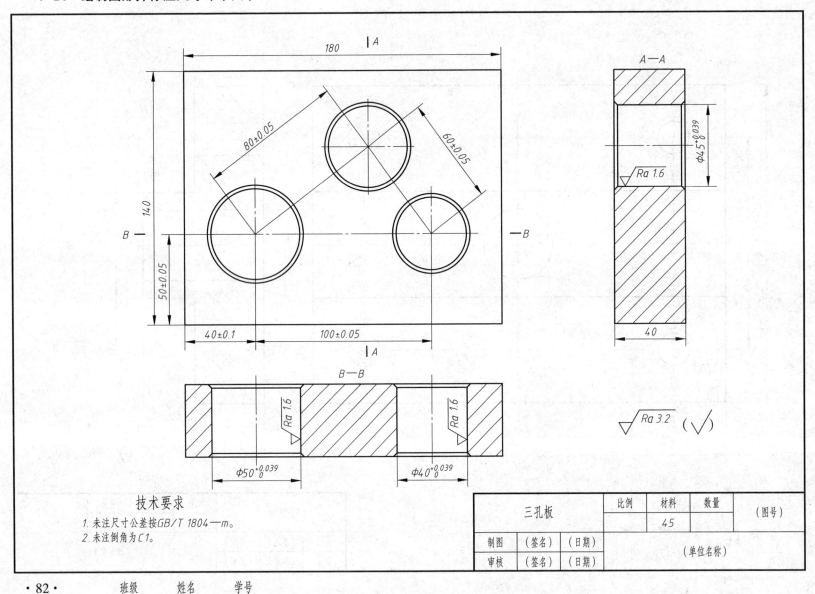

技术要求

1. 未注尺寸公差按GB/T 1804—m。
2. 未注倒角为C1。

	比例	材料	数量	
三孔板				（图号）
		45		
制图	（签名）	（日期）		（单位名称）
审核	（签名）	（日期）		

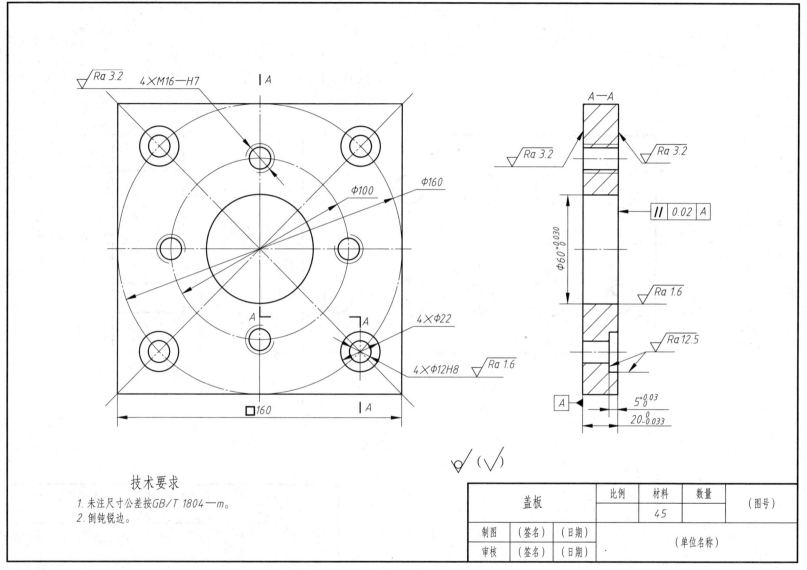

技术要求

1. 未注尺寸公差按GB/T 1804—m。
2. 倒钝锐边。

盖板		比例	材料	数量	（图号）
			45		
制图	（签名）	（日期）		（单位名称）	
审核	（签名）	（日期）			

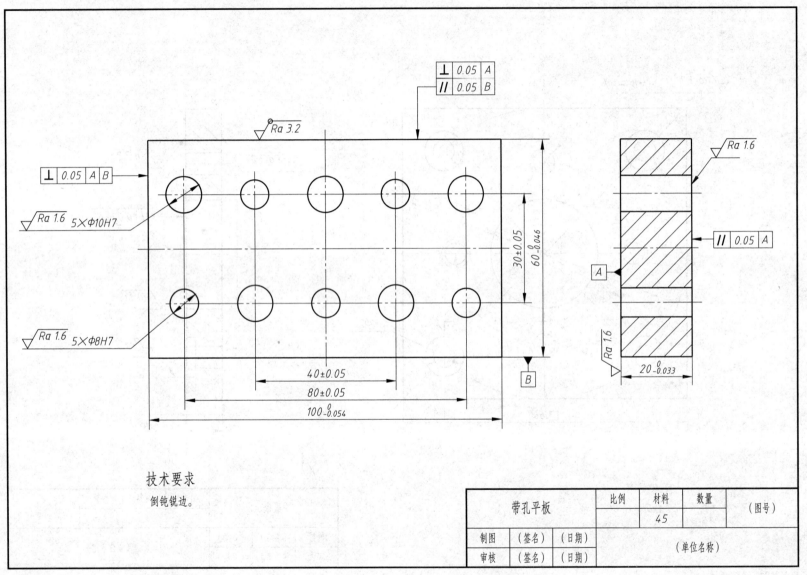

技术要求

倒钝锐边。

带孔平板	比例	材料	数量	（图号）
		45		
制图	（签名）	（日期）		（单位名称）
审核	（签名）	（日期）		

班级　　姓名　　学号

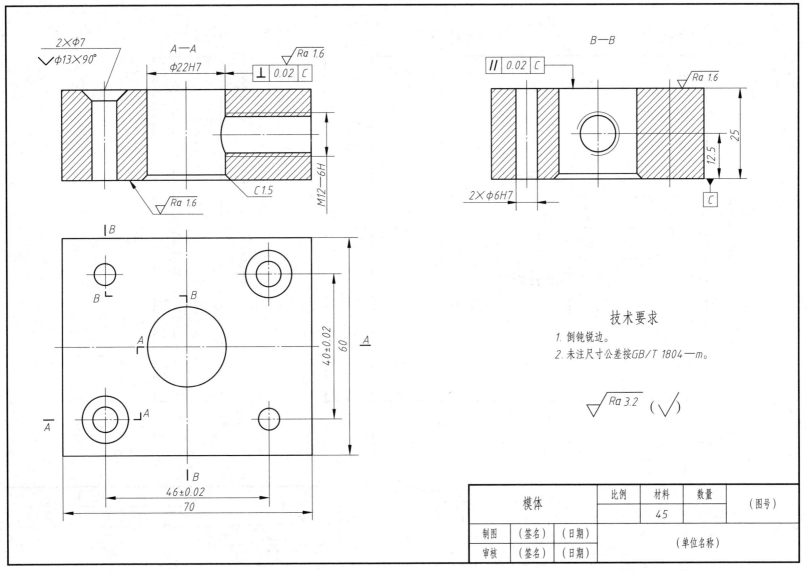

技术要求

1. 倒钝锐边。
2. 未注尺寸公差按GB/T 1804—m。

模体	比例	材料	数量	（图号）
		45		
制图	（签名）	（日期）	（单位名称）	
审核	（签名）	（日期）		

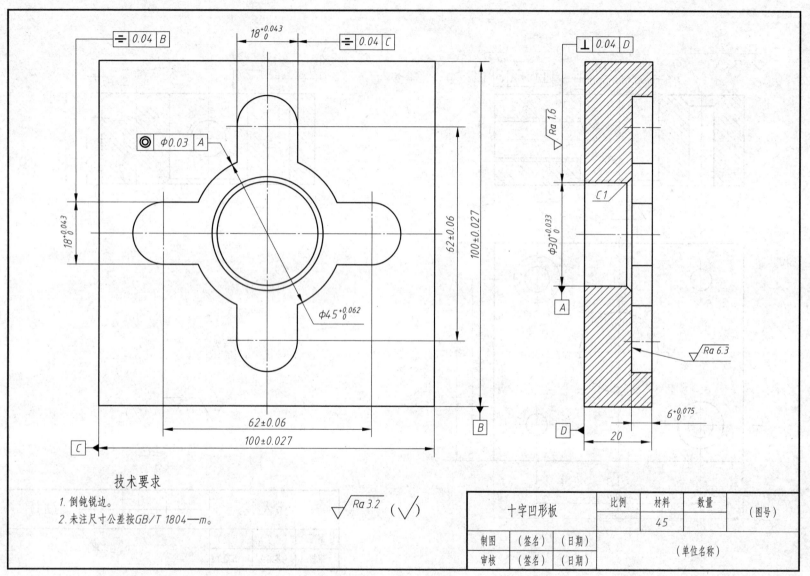

技术要求

1. 倒钝锐边。
2. 未注尺寸公差按GB/T 1804—m。

$\sqrt{Ra\,3.2}$ （$\sqrt{\ }$）

十字凹形板	比例	材料	数量	（图号）
		45		
制图	（签名）	（日期）		（单位名称）
审核	（签名）	（日期）		

班级　　姓名　　学号

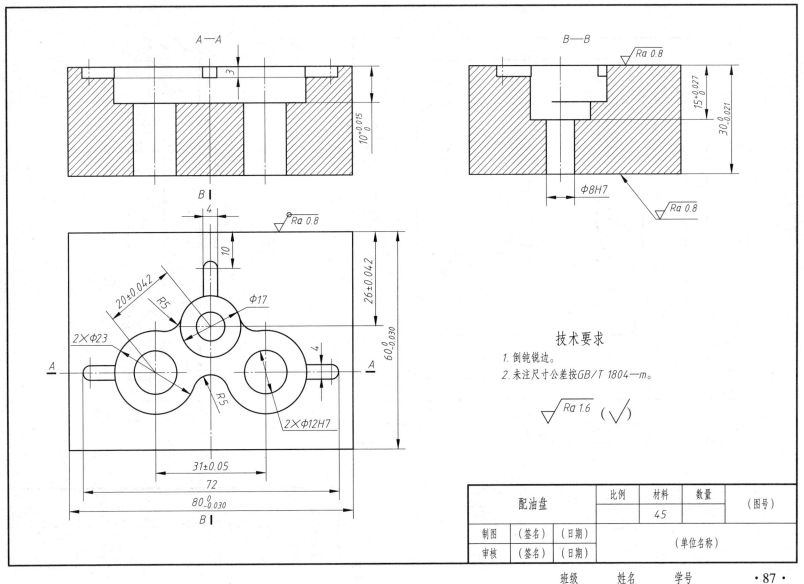

技术要求

1. 倒钝锐边。
2. 未注尺寸公差按GB/T 1804—m。

$\sqrt{Ra\ 1.6}$ $(\sqrt{})$

配油盘	比例	材料	数量	（图号）
		45		
制图	（签名）	（日期）	（单位名称）	
审核	（签名）	（日期）		

班级　　姓名　　学号

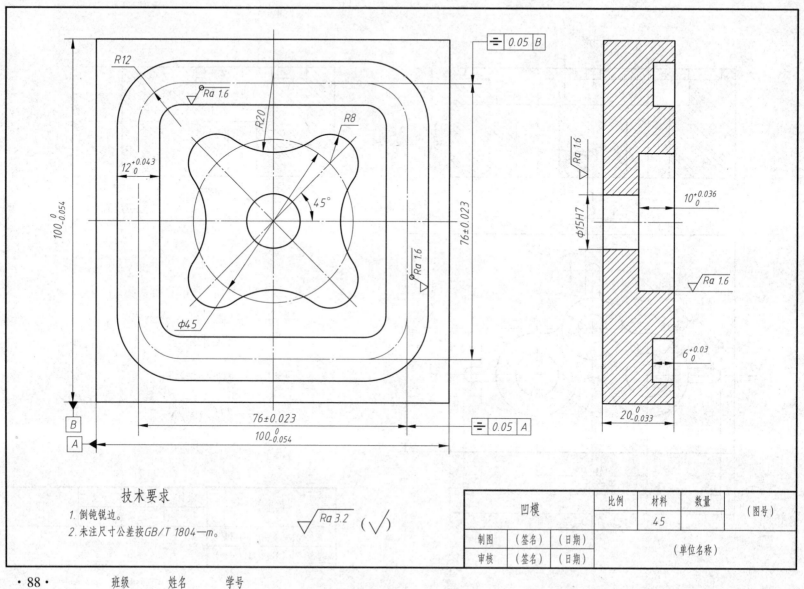

技术要求

1. 倒钝锐边。
2. 未注尺寸公差按GB/T 1804—m。

$\sqrt{Ra\ 3.2}$ $(\sqrt{\ })$

凹模			比例	材料	数量	
				45		（图号）
制图	（签名）	（日期）				
审核	（签名）	（日期）		（单位名称）		

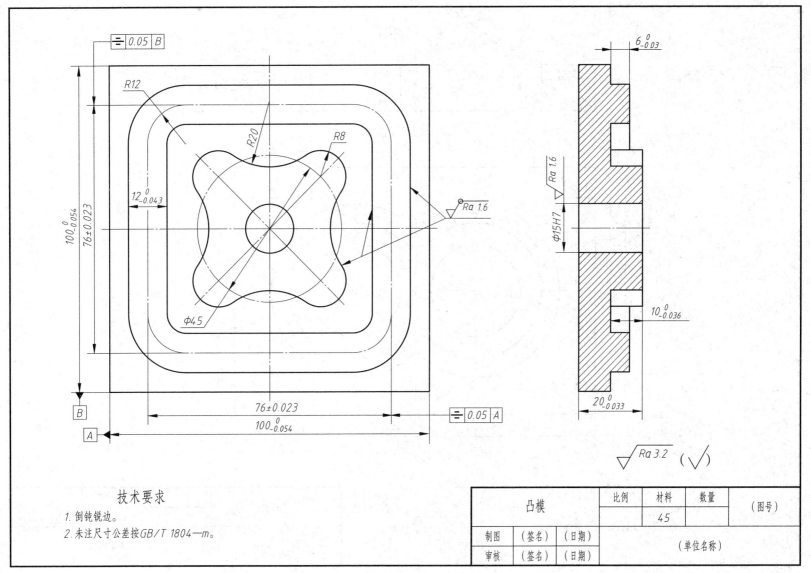

技术要求

1. 倒钝锐边。

2. 未注尺寸公差按GB/T 1804—m。

		比例	材料	数量	
凸模					（图号）
			45		
制图	（签名）（日期）		（单位名称）		
审核	（签名）（日期）				

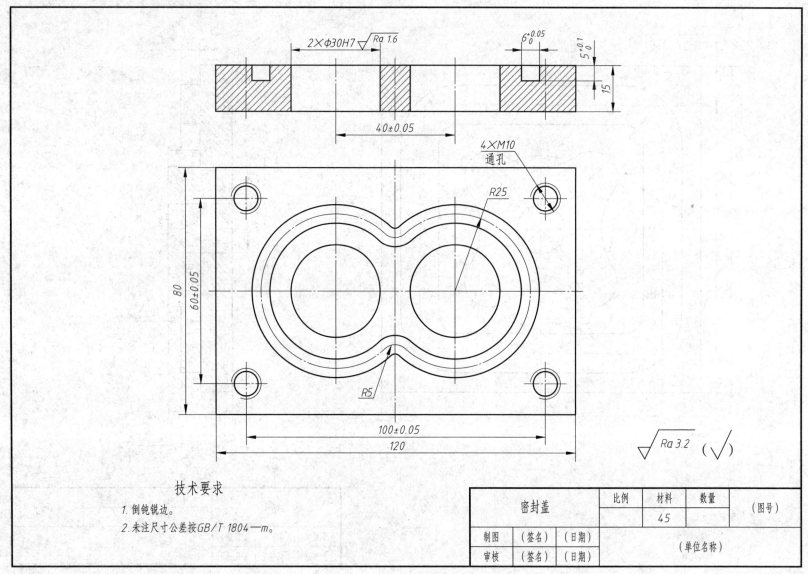

技术要求

1. 倒钝锐边。

2. 未注尺寸公差按GB/T 1804—m。

	密封盖		比例	材料	数量	（图号）
				45		
制图	（签名）	（日期）		（单位名称）		
审核	（签名）	（日期）				

　班级　　姓名　　学号

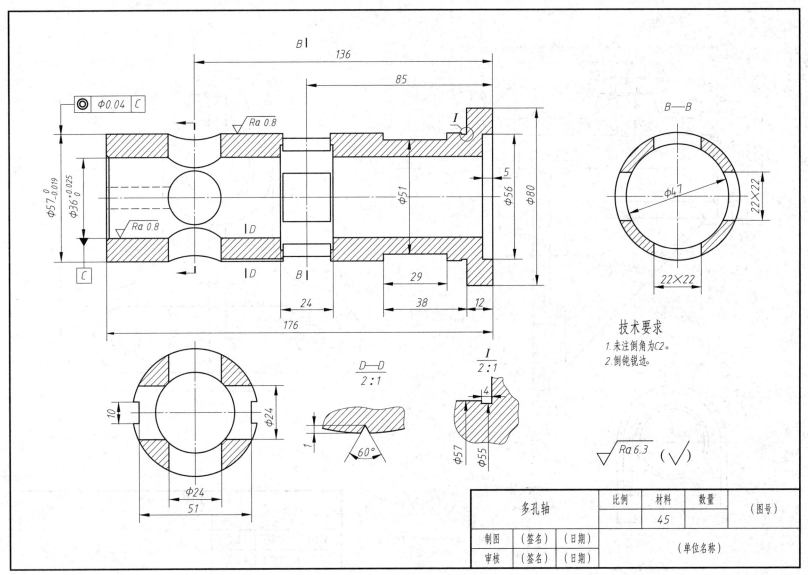

技术要求
1. 未注倒角为C2。
2. 倒钝锐边。

多孔轴	比例	材料	数量	（图号）
		45		
制图	（签名）	（日期）		（单位名称）
审核	（签名）	（日期）		

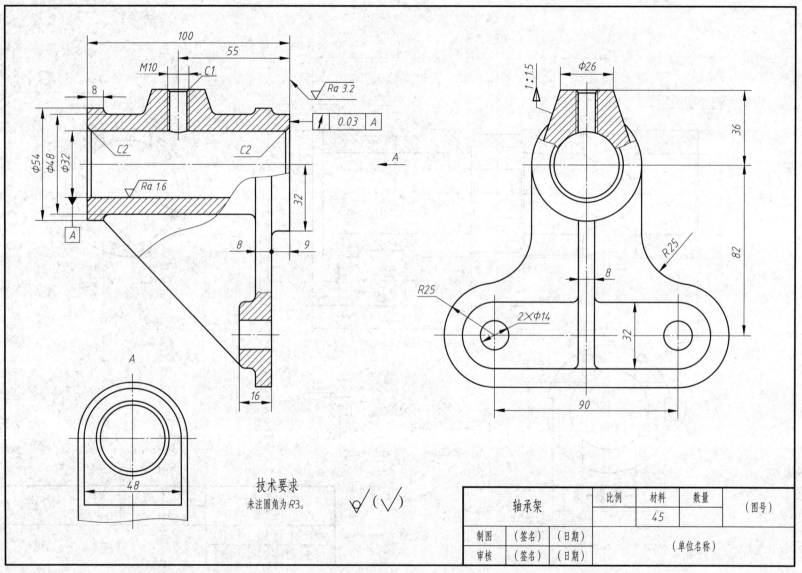

技术要求

未注圆角为R3。

	轴承架	比例	材料	数量	
			45		（图号）
制图	（签名）	（日期）			
审核	（签名）	（日期）		（单位名称）	

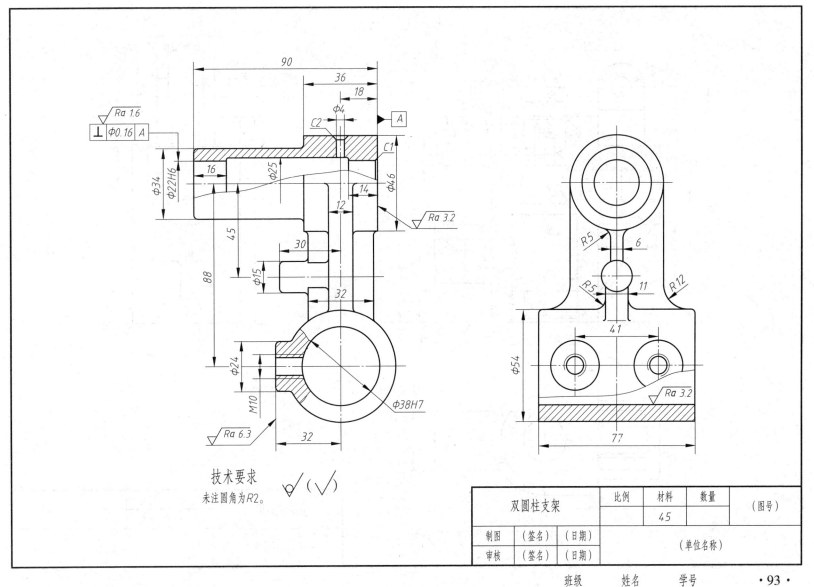

技术要求
未注圆角为R2。

双圆柱支架	比例	材料	数量	（图号）
		45		

制图	（签名）	（日期）	（单位名称）
审核	（签名）	（日期）	

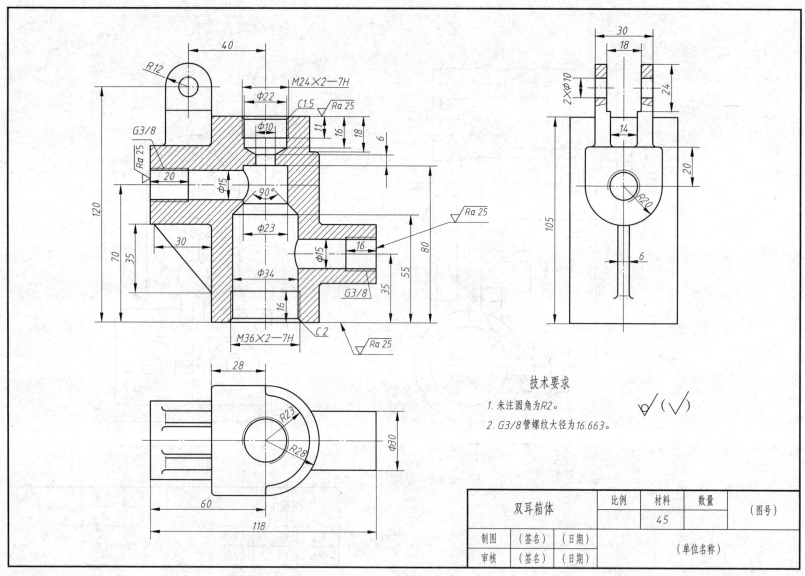

技术要求

1. 未注圆角为R2。

2. G3/8管螺纹大径为16.663。

	比例	材料	数量	
双耳箱体		45		（图号）
制图	（签名）	（日期）		
审核	（签名）	（日期）	（单位名称）	

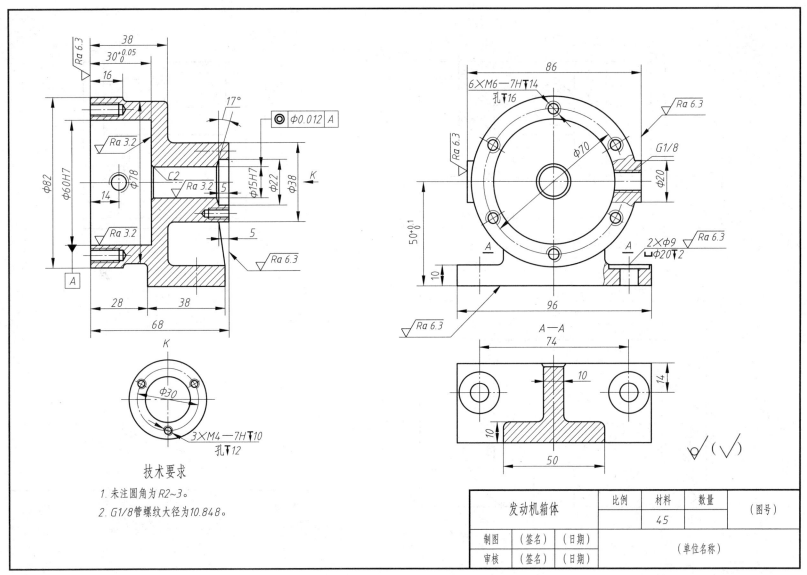

技术要求

1. 未注圆角为R2~3。
2. G1/8管螺纹大径为10.848。

发动机箱体	比例	材料	数量	（图号）
		45		
制图	（签名）	（日期）		（单位名称）
审核	（签名）	（日期）		

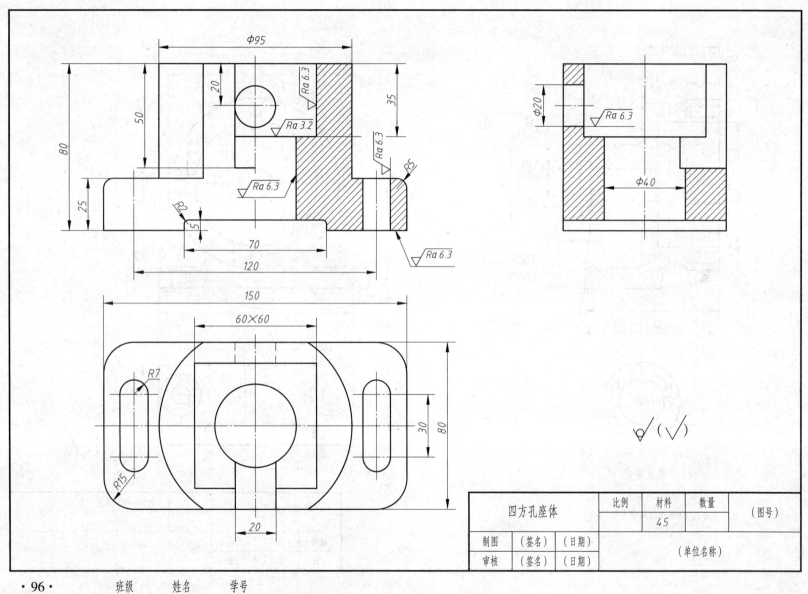

四方孔座体		比例	材料	数量	（图号）
			45		
制图	（签名）	（日期）		（单位名称）	
审核	（签名）	（日期）			

　班级　姓名　学号

第八章 绘制装配图

8-1 绘制钻模装配图

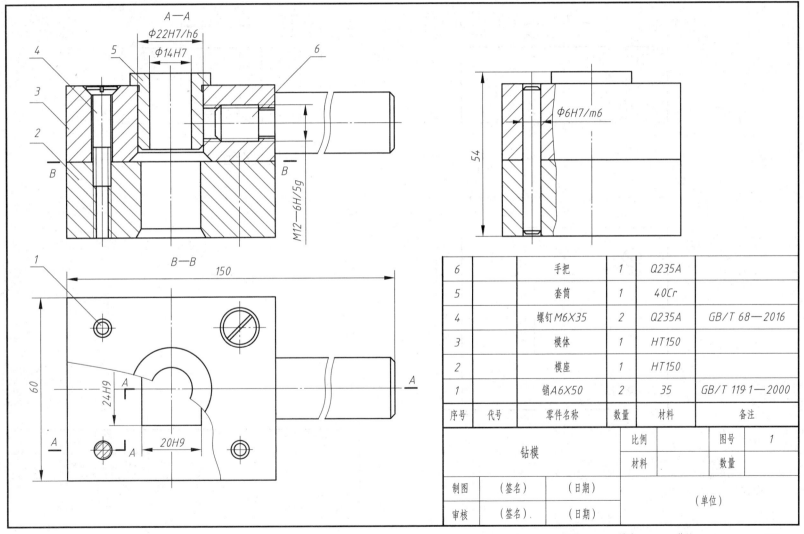

6		手把	1	Q235A	
5		套筒	1	40Cr	
4		螺钉M6X35	2	Q235A	GB/T 68—2016
3		模体	1	HT150	
2		模座	1	HT150	
1		销A6X50	2	35	GB/T 119.1—2000
序号	代号	零件名称	数量	材料	备注

钻模	比例		图号	1
	材料		数量	

制图	（签名）	（日期）	（单位）
审核	（签名）	（日期）	

8–2 绘制模座零件图，并将其创建为图块

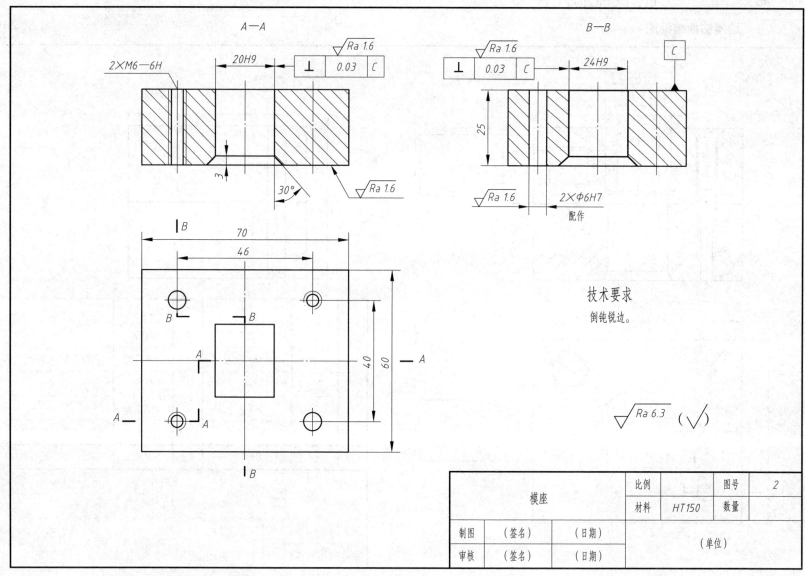

技术要求

倒钝锐边。

		比例		图号	2
模座		材料	HT150	数量	
制图	（签名）	（日期）		（单位）	
审核	（签名）	（日期）			

8-3 绘制模体零件图，并将其创建为图块

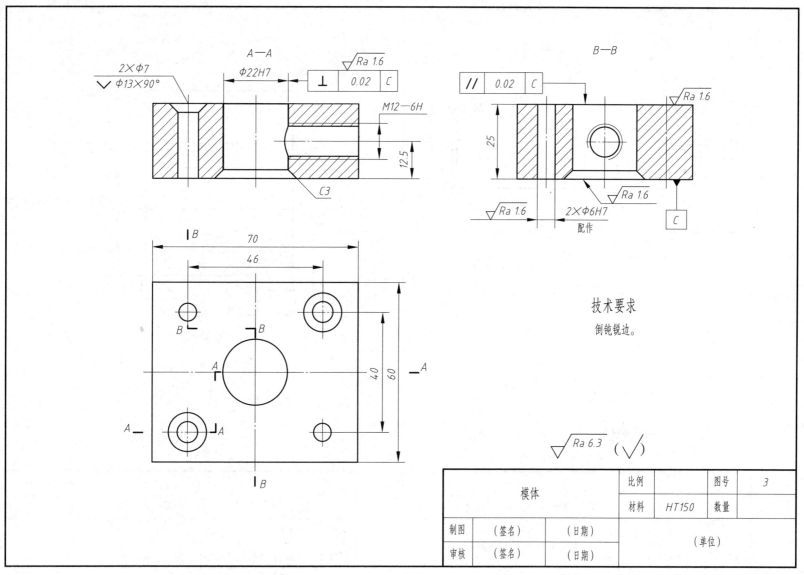

$A—A$

$2×Φ7$
$Φ13×90°$

$Φ22H7$

⊥ | 0.02 | C

√ Ra 1.6

M12—6H

12.5

C3

$B—B$

// | 0.02 | C

√ Ra 1.6

25

√ Ra 1.6

√ Ra 1.6

$2×Φ6H7$
配作

C

70

46

B

B

A

A

40

60

A

A

B

技术要求

倒钝锐边。

√ Ra 6.3 (√)

	模体	比例		图号	3
		材料	HT150	数量	
制图	（签名）	（日期）		（单位）	
审核	（签名）	（日期）			

8-4 绘制手把和套筒零件图，并将其创建为图块

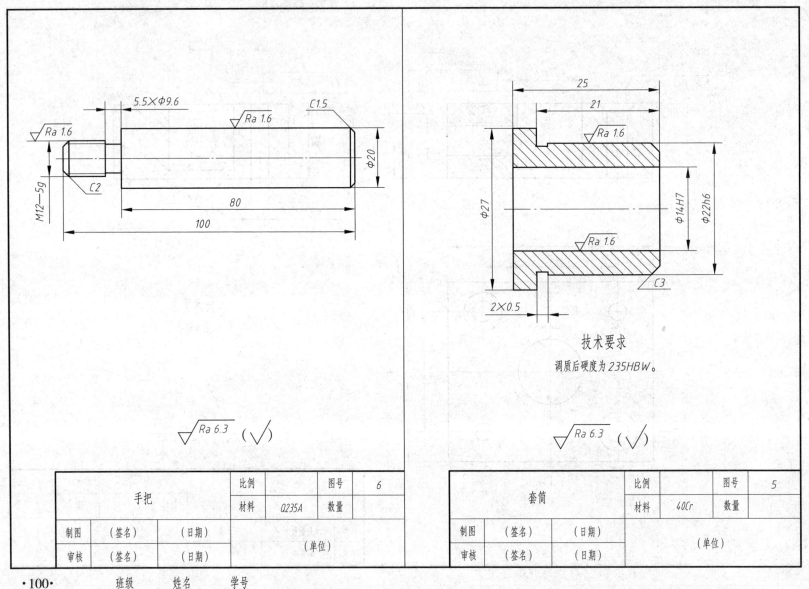

技术要求

调质后硬度为235HBW。

手把		比例		图号	6
		材料	Q235A	数量	
制图	（签名）	（日期）			
审核	（签名）	（日期）	（单位）		

套筒		比例		图号	5
		材料	40Cr	数量	
制图	（签名）	（日期）			
审核	（签名）	（日期）	（单位）		

班级   姓名   学号

8-5-1 绘制截止阀装配图

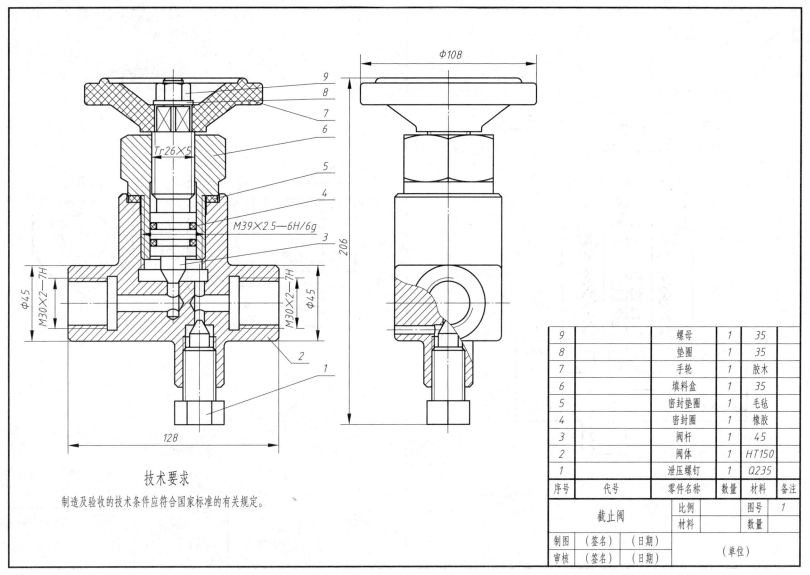

技术要求

制造及验收的技术条件应符合国家标准的有关规定。

9		螺母	1	35	
8		垫圈	1	35	
7		手轮	1	胶木	
6		填料盒	1	35	
5		密封垫圈	1	毛毡	
4		密封圈	1	橡胶	
3		阀杆	1	45	
2		阀体	1	HT150	
1		泄压螺钉	1	Q235	
序号	代号	零件名称	数量	材料	备注

截止阀		比例		图号	1
		材料		数量	

制图	（签名）	（日期）	（单位）		
审核	（签名）	（日期）			

8-5-2 绘制截止阀装配示意图

8-6 绘制填料盒零件图，并将其创建为图块

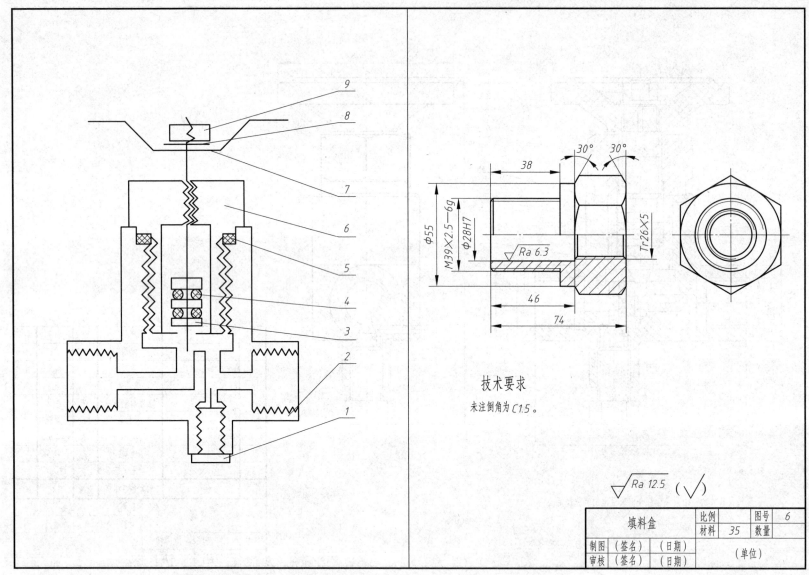

技术要求

未注倒角为 C1.5 。

$\sqrt{Ra\ 12.5}$ ($\sqrt{}$)

填料盒		比例		图号	6
		材料	35	数量	
制图	（签名）	（日期）		（单位）	
审核	（签名）	（日期）			

班级　　姓名　　学号

8-7 绘制手轮、泄压螺钉、密封垫圈零件图，并将其创建为图块

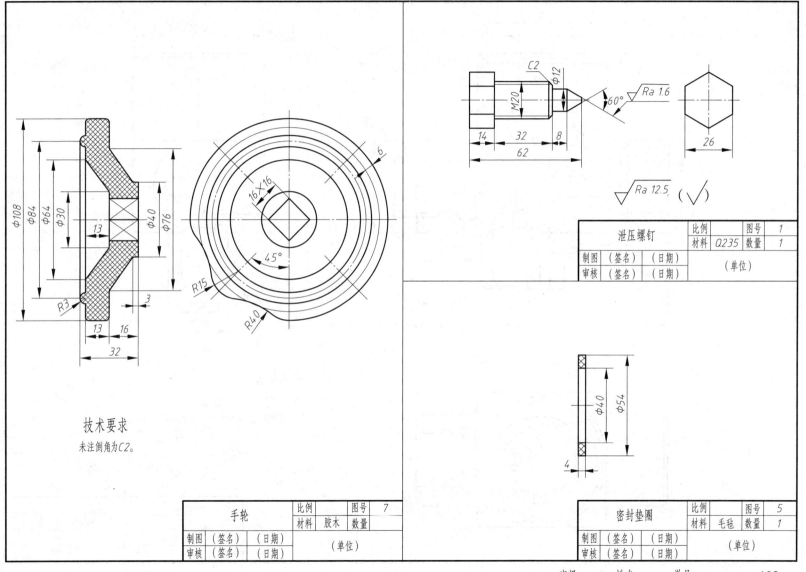

技术要求

未注倒角为C2。

手轮		比例		图号	7
		材料	胶木	数量	
制图	（签名）	（日期）		（单位）	
审核	（签名）	（日期）			

泄压螺钉		比例		图号	1
		材料	Q235	数量	1
制图	（签名）	（日期）		（单位）	
审核	（签名）	（日期）			

密封垫圈		比例		图号	5
		材料	毛毡	数量	1
制图	（签名）	（日期）		（单位）	
审核	（签名）	（日期）			

8-8 绘制阀体零件图，并将其创建为图块

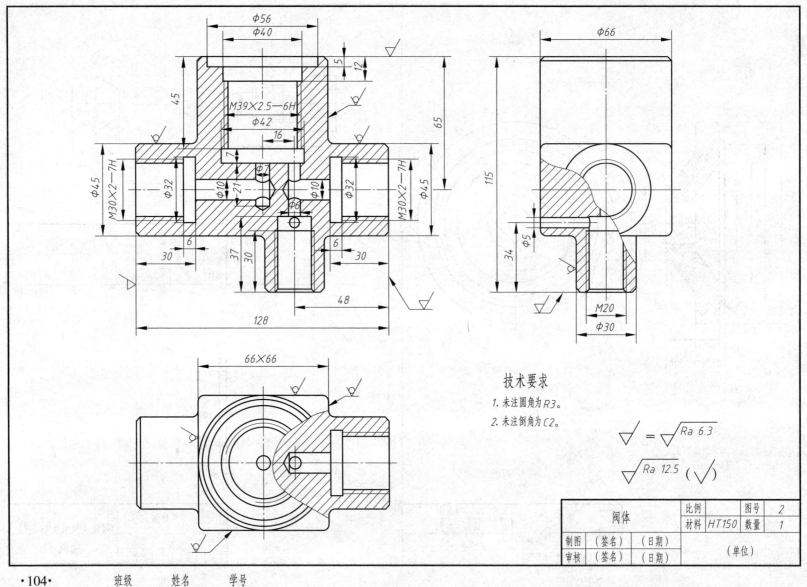

技术要求

1. 未注圆角为R3。
2. 未注倒角为C2。

$$\sqrt{} = \sqrt{Ra\ 6.3}$$

$$\sqrt{Ra\ 12.5}\ (\sqrt{})$$

阀体		比例		图号	2
		材料	HT150	数量	1
制图	（签名）	（日期）		（单位）	
审核	（签名）	（日期）			

　　班级　　姓名　　学号

8-9 绘制阀杆、密封圈、螺母、垫圈零件图，并将其创建为图块

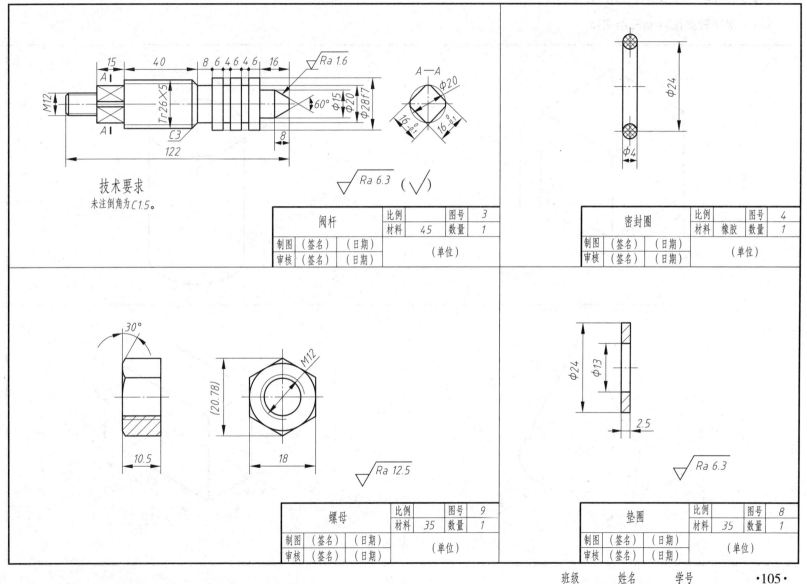

技术要求

未注倒角为C1.5。

阀杆		比例		图号	3
		材料	45	数量	1
制图	（签名）	（日期）			
审核	（签名）	（日期）		（单位）	

密封圈		比例		图号	4
		材料	橡胶	数量	1
制图	（签名）	（日期）			
审核	（签名）	（日期）		（单位）	

螺母		比例		图号	9
		材料	35	数量	1
制图	（签名）	（日期）			
审核	（签名）	（日期）		（单位）	

垫圈		比例		图号	8
		材料	35	数量	1
制图	（签名）	（日期）			
审核	（签名）	（日期）		（单位）	

第九章　绘制三维实体

9–1　根据轴测图绘制三维实体

1.

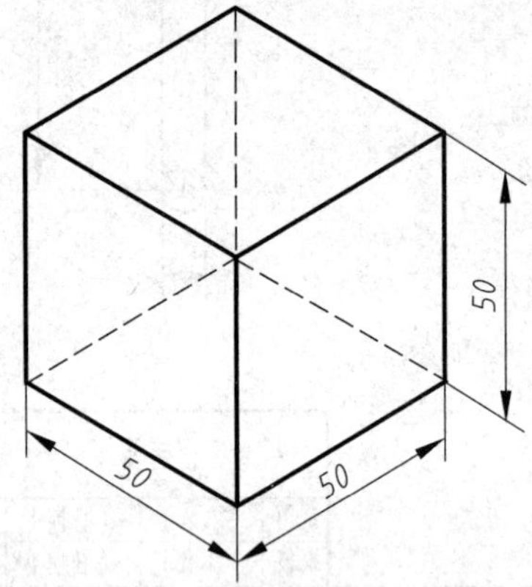

2.

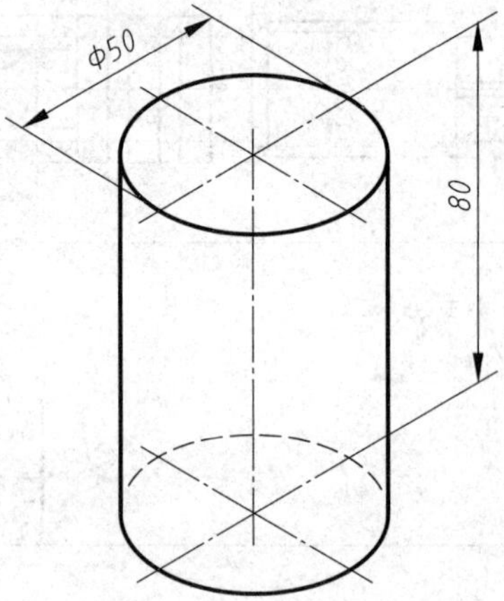

3.

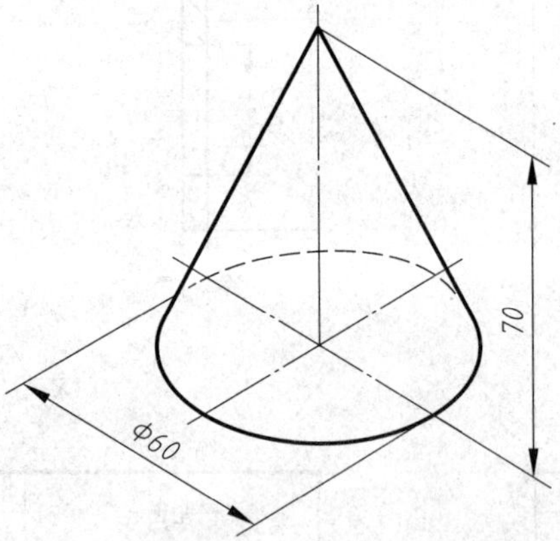

4.

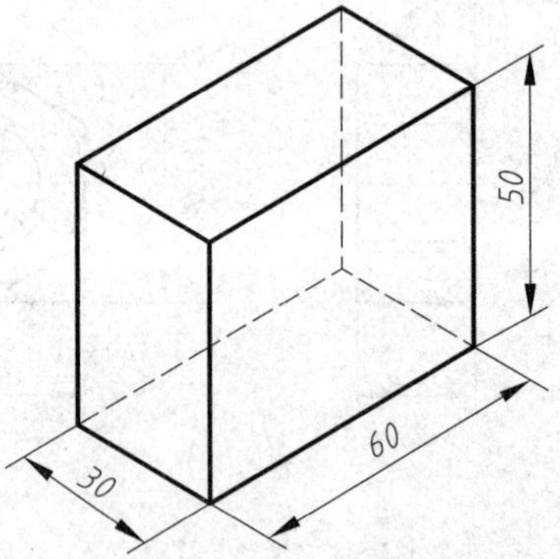

　　　班级　　姓名　　　学号

9-2 根据主视图和俯视图绘制三维实体

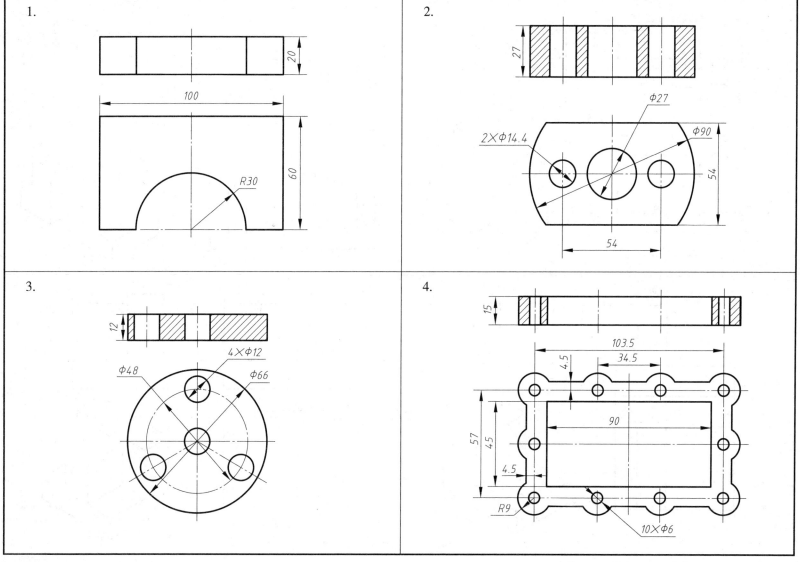

9–3 根据三视图和轴测图绘制三维实体

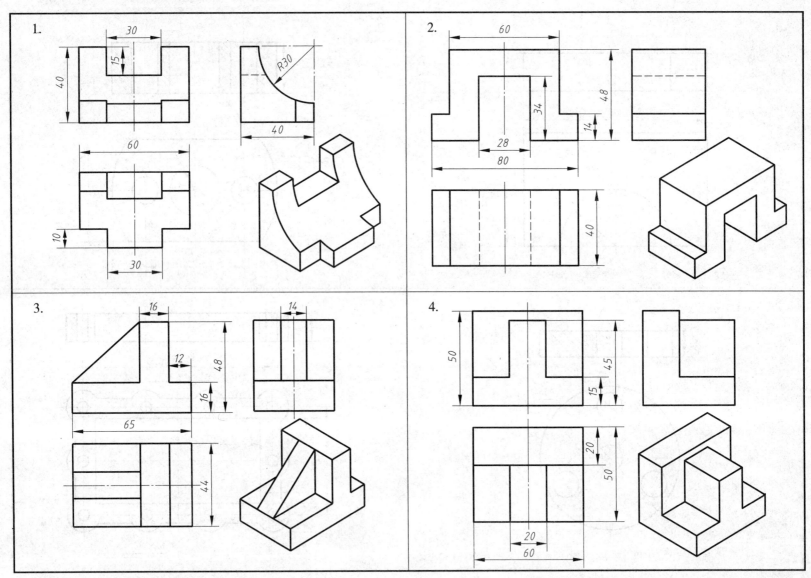

班级　　姓名　　学号

9–4 根据零件图绘制三维实体（一）

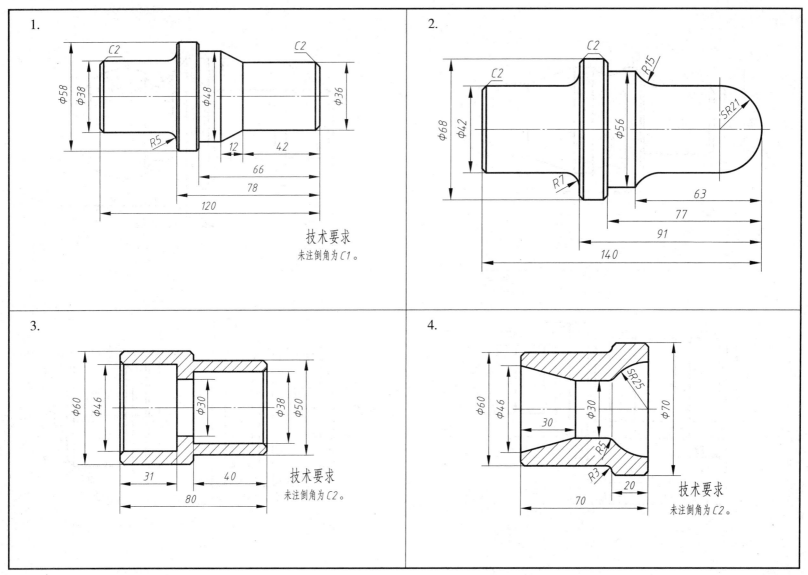

1.

C2 C2
Φ58 Φ38 Φ48 Φ36
R5
12 42
66
78
120

2.

C2 C2 R15
Φ68 Φ42 Φ56 SR21
R7
63
77
91
140

技术要求
未注倒角为C1。

3.

Φ60 Φ46 Φ30 Φ38 Φ50
31 40
80

技术要求
未注倒角为C2。

4.

Φ60 Φ46 Φ30 Φ70
SR25
R5
R3
30
20
70

技术要求
未注倒角为C2。

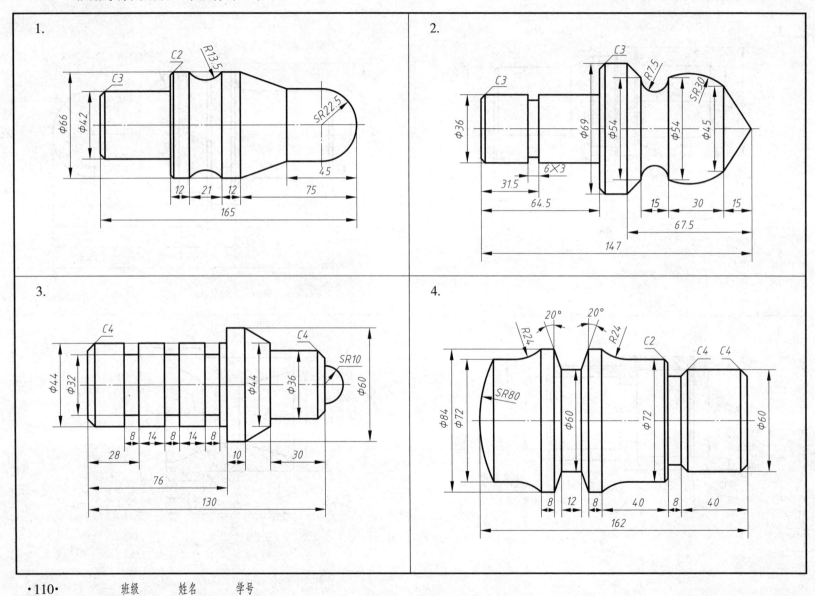

1.

2.

3.

4.

班级　　姓名　　学号

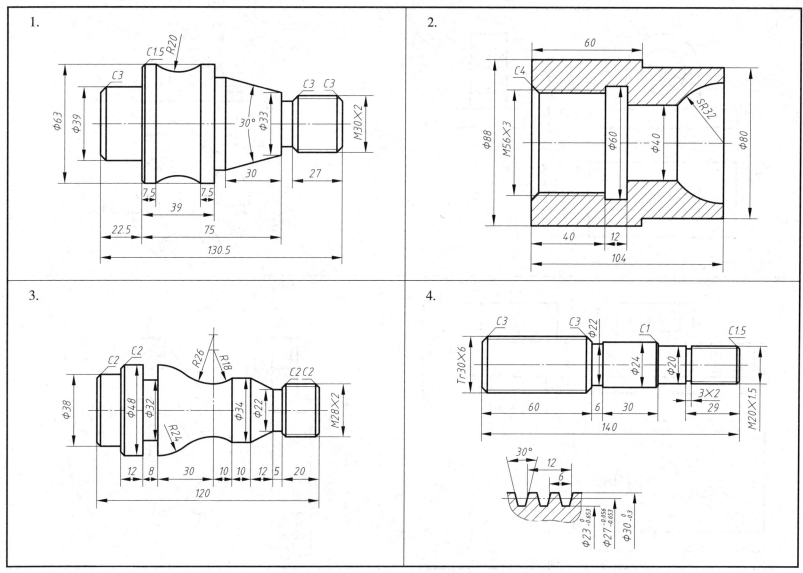

9-7 根据视图绘制三维实体

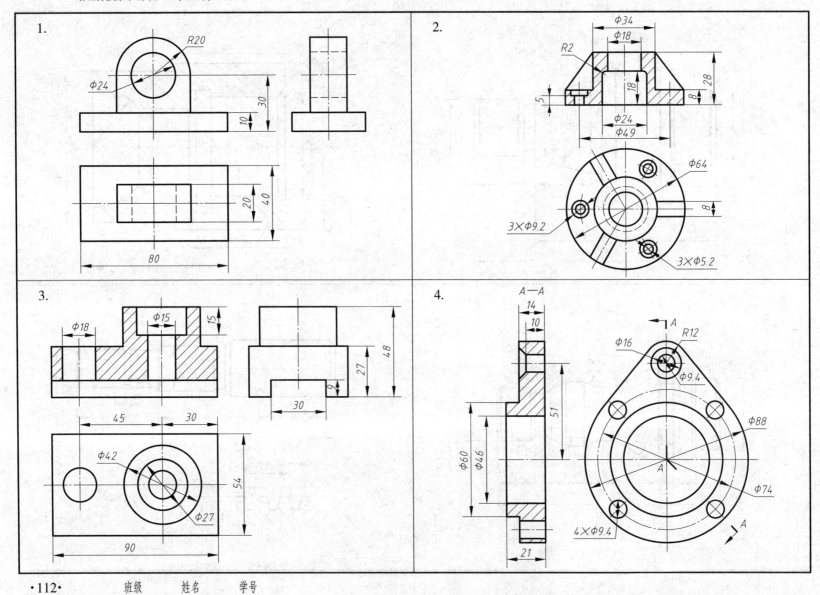

班级　　姓名　　学号

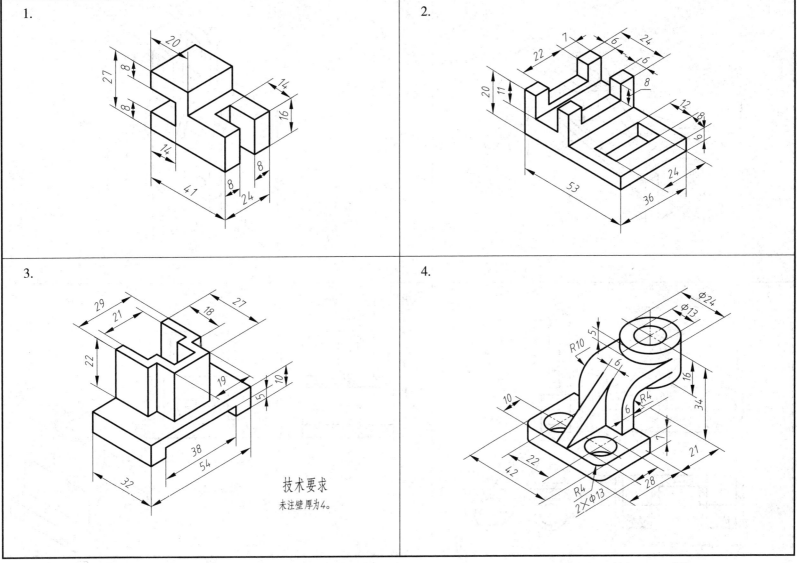

1.

2.

3.

技术要求
未注壁厚为4。

4.

9–9 根据轴测图和视图绘制三维实体（一）

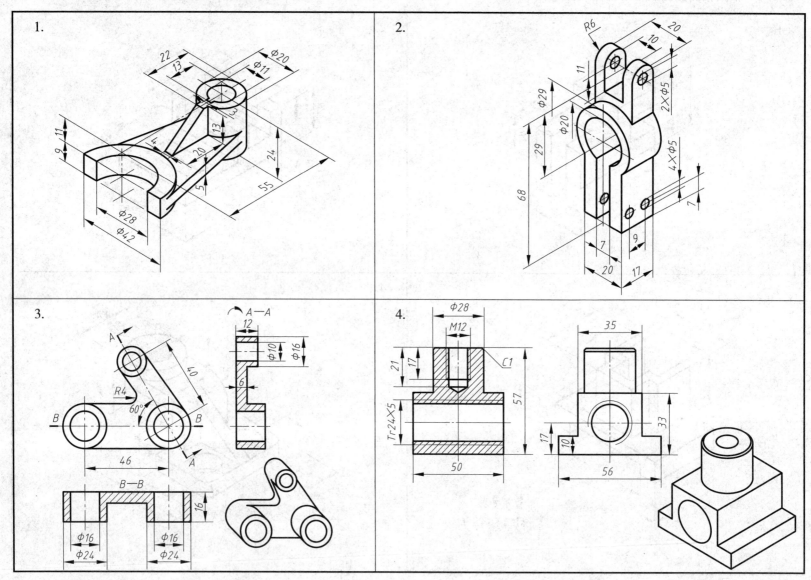

1.

2.

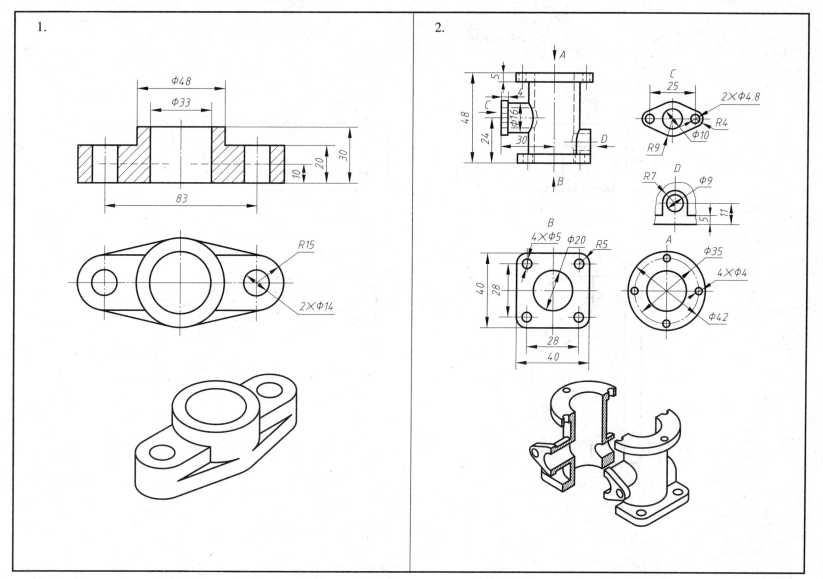

9-11 根据三视图和轴测图绘制平口虎钳钳口三维实体

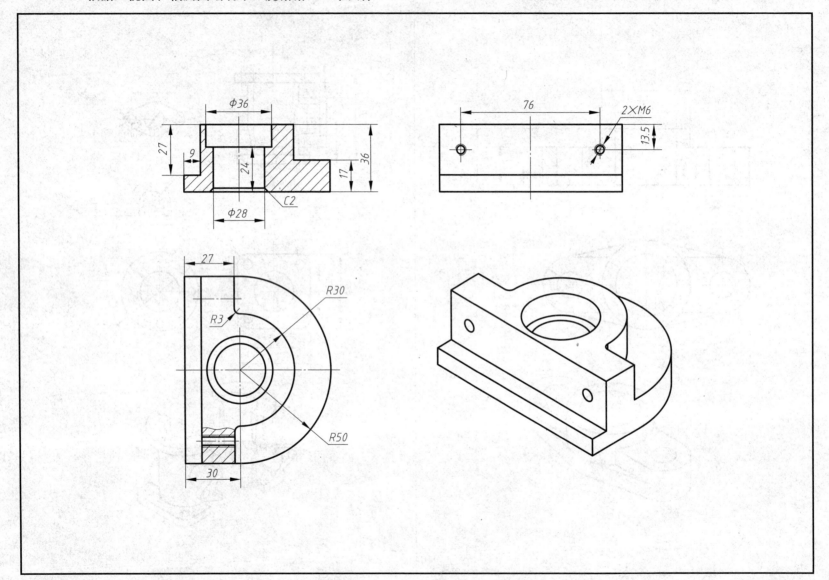

班级　　姓名　　学号

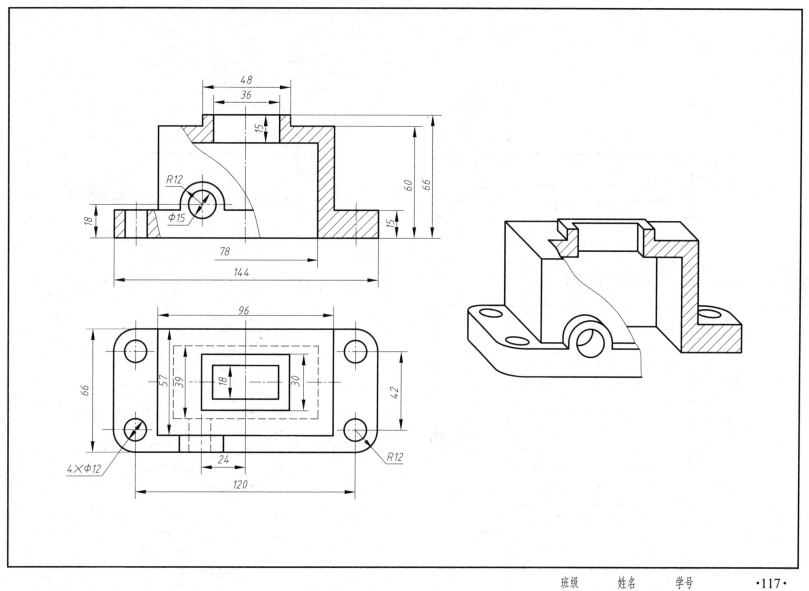

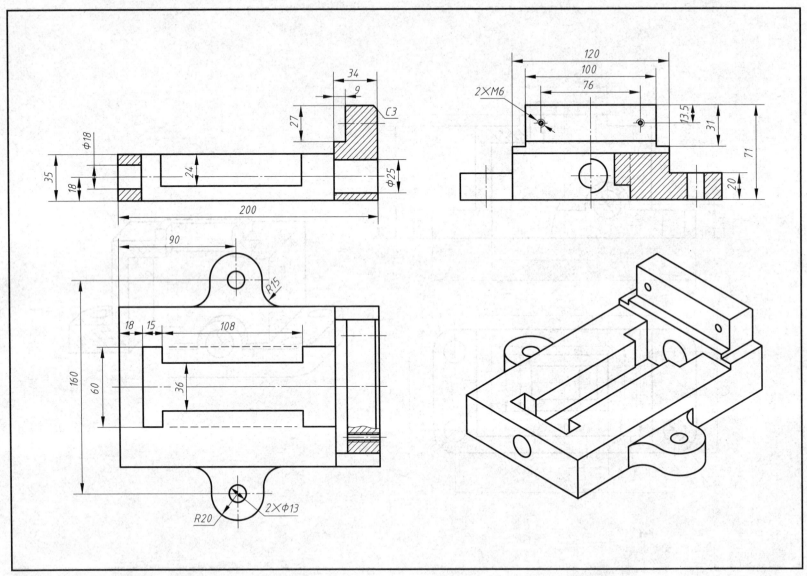

班级　　姓名　　学号

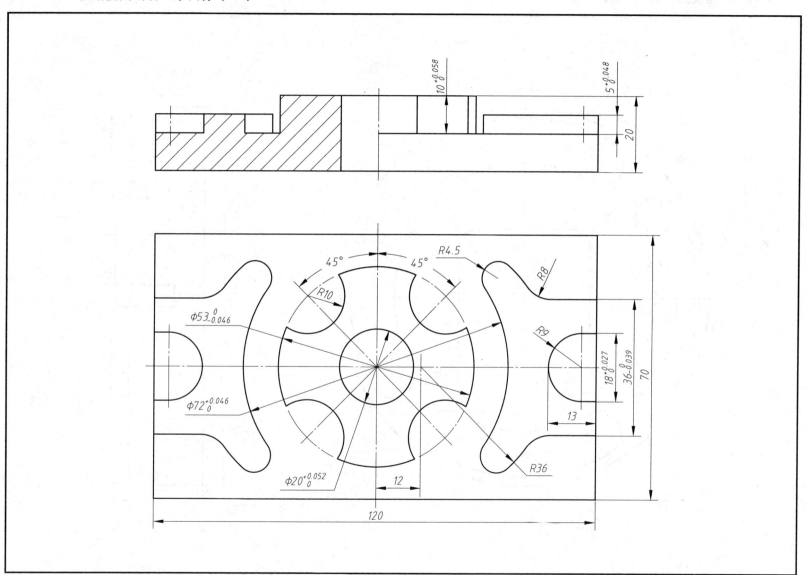

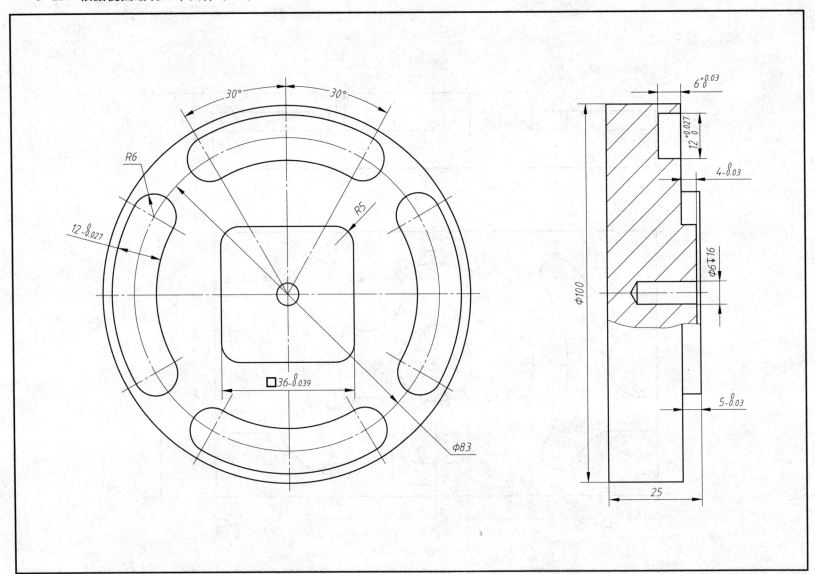

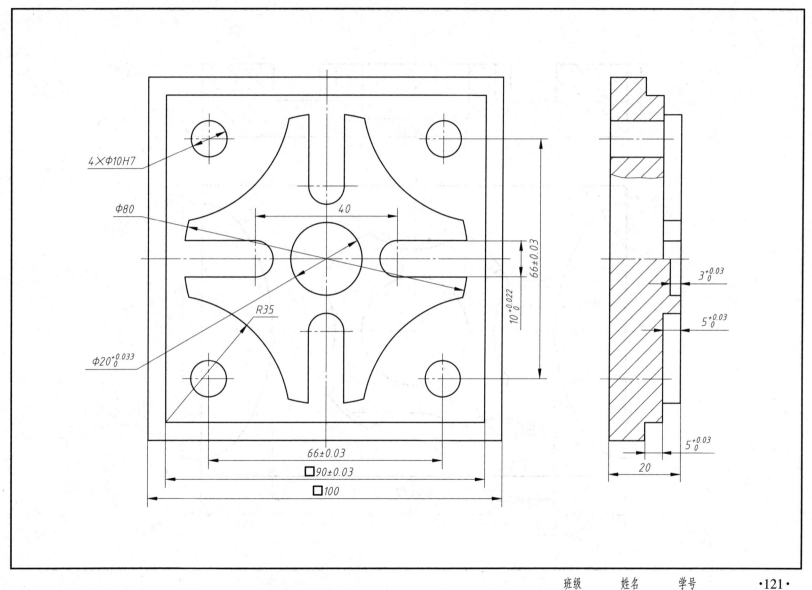

R12.5

R21

R50

$\phi 60_{-0.046}^{0}$

$10_{0}^{+0.022}$

$15_{0}^{+0.027}$

20

45

$70_{-0.046}^{0}$

80

$\phi 30_{0}^{+0.033}$

80±0.03

120

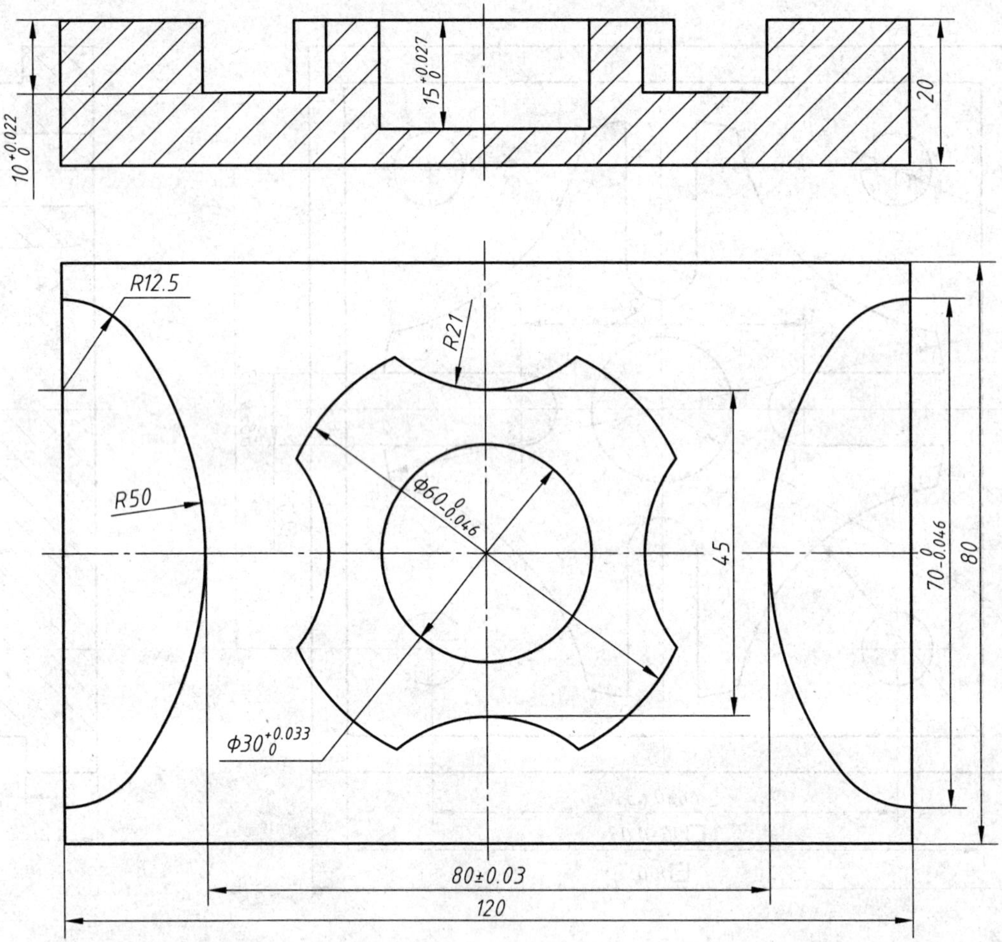

班级　　姓名　　学号

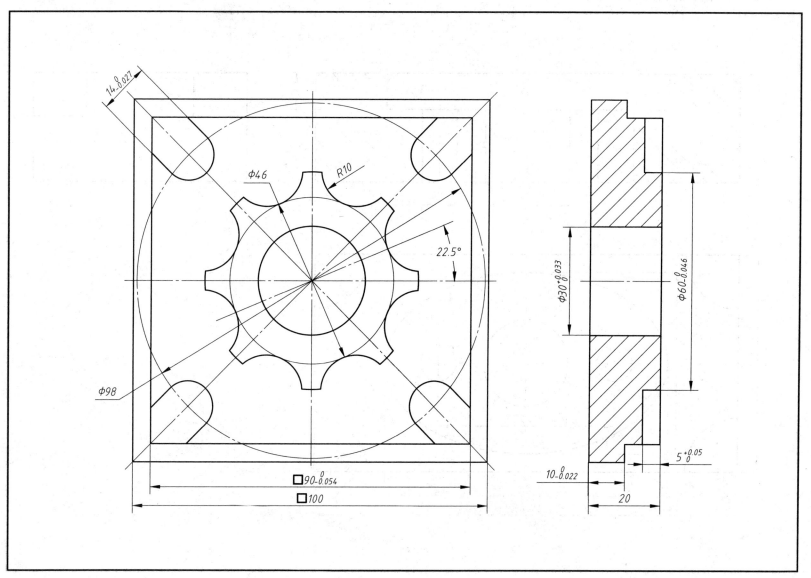

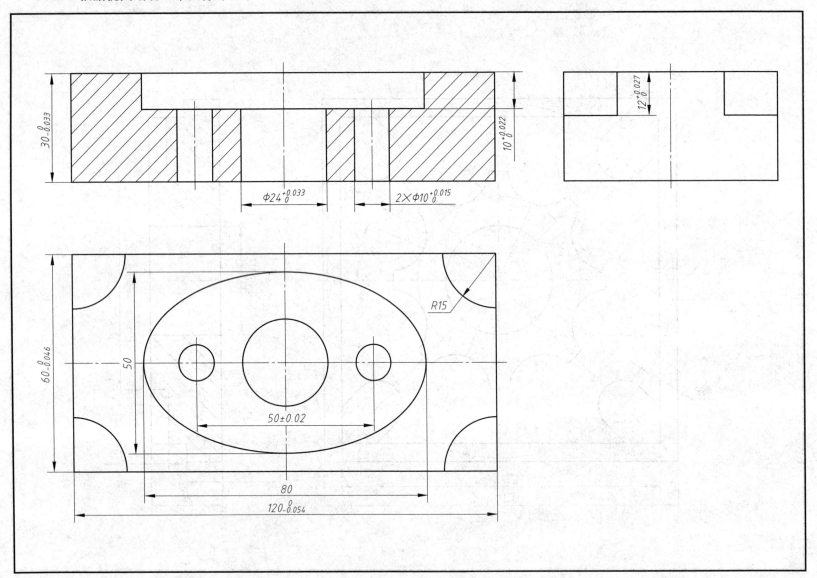

$\Phi24^{+0.033}_{0}$

$2\times\Phi10^{+0.015}_{0}$

$30^{0}_{-0.033}$

$10^{+0.022}_{0}$

$12^{+0.027}_{0}$

R15

$60^{0}_{-0.046}$

50

50±0.02

80

$120^{0}_{-0.054}$

班级　　姓名　　学号

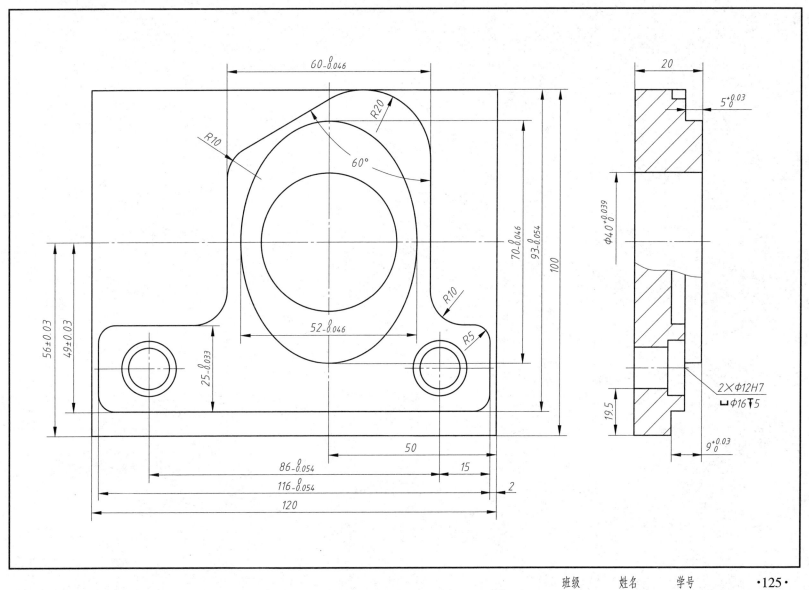